意义互联网

——新轴心时代的认知重启

段永朝　著

人民东方出版传媒
東方出版社

图书在版编目（CIP）数据

意义互联网：新轴心时代的认知重启 / 段永朝 著 . — 北京：东方出版社，2019.9
ISBN 978-7-5207-1140-1

Ⅰ. ①意… Ⅱ. ①段… Ⅲ. ①互联网络—影响—认知方式—研究 Ⅳ. ① B842.1

中国版本图书馆 CIP 数据核字（2019）第 177871 号

意义互联网：新轴心时代的认知重启
（YIYI HULIANWANG:XINZHOUXINSHIDAI DE RENZHI CHONGQI）

作　　者：段永朝
责任编辑：张凌云
出　　版：东方出版社
发　　行：人民东方出版传媒有限公司
地　　址：北京市朝阳区西坝河北里 51 号
邮　　编：100028
印　　刷：三河市金泰源印务有限公司
版　　次：2019 年 9 月第 1 版
印　　次：2019 年 9 月第 1 次印刷
开　　本：880 毫米 ×1230 毫米 1/32
印　　张：9
字　　数：180 千字
书　　号：ISBN 978-7-5207-1140-1
定　　价：42.00 元
发行电话：（010）85924663　85924644　85924641

“莫干山丛书”编委会

“莫干山丛书”总序

1984年，中国经济改革进入全方位经济制度转型的关键时期。这年9月，在浙江省德清县莫干山召开了“全国中青年经济科学工作者学术讨论会”（ 史称“莫干山会议”）。这次会议的主体，是来自全国的中青年经济科学工作者，他们意气风发，思想解放，面对当时改革与开放的重大问题，在深入思考的基础上争论，最终为相关决策提出具有价值的理论依据、思路和方法。在那个年代，关于经济改革方面的学术或者理论研讨会不知多少，绝大多数已经消失在历史的长河之中。而“全国中青年经济科学工作者学术讨论会”，却随着历史的推移，被不断地再认识，再评价。“莫干山会议”已经逐渐成为那个时代和那代人的一种象征和符号。

值得庆幸的是，28年之后的2012年，在国家发展和改革委员会国际合作中心的推动下，重启“莫干山会议”（现称“新莫干山会议”），持续至今，并且搭建起了“北京中青年改革与创新论坛”。自2018年开始，“新莫干山会议”形成了春季论坛和秋季论坛模式，春季论坛以北京为主，秋季论坛以浙江德清县为主。

从1984年的“莫干山会议”到2012年的“新莫干山会议”，所传承的是人们所说的“莫干山精神”。那么，何谓“莫干山精神”？归纳起来，包括“家国情怀”、“责任担当”、“问题导向”、“不拘一格”和“科学态度”。与“莫干山精神”不可分割的还有那个特定时代的“理想主义”，一种对改革开放过程与结果的期望、执着与奉献。

1984年，“莫干山会议”的参会者平均年龄为34岁，如今，35年过后，他们步入60岁，70岁，甚至已有多位“逝者”。但是，更多的“70后”“80后”，甚至“90后”参加“新莫干山会议”，继承“莫干山会议”的历史遗产，突破“莫干山会议”的历史局限性，并注入以“创新”为核心的新元素，他们正在成长为“莫干山精神”的新生代。

2018年，值中国改革开放40周年之际，由莫干山研究院牵头组织、出版和发行“莫干山丛书”成为新老“莫干山人”的一种共识。“莫干山丛书”的宗旨：针对21世纪即将进入第三个十年、人类生存与发展的环境正在加速变化和日益复杂的历史大格局，立足中国国情，探讨影响构建人类命运共同体的历史经验、思想成果，以及来自经济、技术、社会、文化的跨界性重要课题。

“莫干山丛书”的主要构成：（1）历史板块，涉及中国经济改革开放以来的历史事件、人物及其理论研究；（2）现实板块，涉及中国现实经济、政治、社会和科学技术的重大课题；（3）科学技术板块，涉及科学技术进步与人类社会发展的关系等，例如，“大数据”“人工智能”“区块链”的开发与应用；（4）国际关系板块，涉及世界主要国家经济社会转型的比较研究及“地缘政治”新形态等；（5）文化艺术板块，涉及当代文化艺术和大众传媒的发展及其趋势分析。

一般来说，丛书是指具有特定宗旨并冠之以一个“总名”，结集若干作者撰写的一系列著作的一种“集群式图书”体例。其形式可分为综合型、专门型两大类。“莫干山丛书”属于综合型丛书，其特色包括：（1）开放性和持续性；（2）思想的独创性和方法的跨学科性；（3）主题的多元性及作品的多样性，实现传统图书与电子书、有声书等多种形式的结合；（4）知识性与可读性，推动作者与读者，出版、媒体与教育之间的互动与分享。

“莫干山丛书”的主要读者对象为大学本科生、研究生，以及相关学术工作者、科技人员和大众读者。

2019年，是“五四运动”100周年，是中华人民共和国成立70周年，改革开放进入第五个十年，也是“莫干山会议”召开35周年，“莫干山丛书”选择这个历史时点推出第一套，希望能对中国与世界的发展与进步有所贡献。

莫干山研究院

2019年8月

目　录

Part 3 互联网的灵性复归

Part 4 新轴心时代的开启

结语

自序

从 1969 年阿帕网第一次联网成功，到 2019 年，恰好是互联网诞生 50 周年。50 年中，其实只有一半的时间，是对社会公众开放的。所以对普通人而言，互联网的历史只有短短的 25 年。

就是这短短的 25 年，互联网已经带来了翻天覆地的变化，全球和中国的网民数量，已经超过自然人口的一半。互联网催生了新的商业文明，形成了新的文化形态、组织生态，极大地改造了生产方式和消费方式——一句话，人们已经须臾不可无网，须臾不可离网。以至于，有人将 Wi-Fi 添加在马斯洛人类需求三角形的最底层，作为比吃喝拉撒更基本的生存需求。

这虽然是调侃，但凸显出一个基本的判断：互联网已经深深嵌入人的生活、工作的日常百态，嵌入对生存和生命的理解当中了。

我们身处一个伟大的时代，同时也是一个复杂无比的时代。

未来学家们说，再过 30 年，人造生命将会出现，人与智能机器人将会实现人机合体。生物医药学家预言，未来 10 到 20 年内，人类将彻底攻克癌症、糖尿病等顽疾，甚至人的预期寿命将超过 120 岁。制造出特斯拉的埃隆·马斯克说，30 年后人类将可以移民火星。

这些大胆的预言，听上去好像还比较遥远，人们还很难想象。但是，我们只要回过头来，看一下 20 年前的 1999 年，或者 30 年前的 1989 年，你立刻就会有一种时光飞驰、日月如梭的感觉。

20 年前还没有智能手机，甚至手机的普及率都很低；30 年前互联网尚未进入商业领域，展开大规模应用，那时候还没有“网民”这个“新物种”。全球的网络用户估计在 100 万左右，而中国的网络用户可以认为是零。

二三十年后，互联网、智能科技、生物技术，已经极大地改变了人们的日常生活、商业形态、生产方式和组织模式，极大地改变了这个世界的面貌。但是，我们仍然需要静下心来认真思考、回味，这个巨变时代对我们意味着什么？对我们的孩子们意味着什么？对整个世界意味着什么？

这部文集，汇编了笔者过去 4 年间，在北京大学、华东师范大学、东北大学、杭州师范大学等开课或讲座的内容，以及为一些知名学者著作的中文译本所撰写的推荐序。这些课程、讲座和文字，有一个共同的主题，就是“认知重启”。

互联网带来的心智结构的重塑，可以把它看作是人类石器时代以来数十万年演化史中，非常重要的一次新的觉醒。这次新觉醒的序幕已经拉开，我们注定会在未来数十年、几代人的尺度内，见证一个崭新的世界，在这个崭新的世界里，机器人可能成为人类的一员，绝大多数人们今天所熟悉的工作岗位可能会消失，城市的样貌会发生巨大的改变，我们的体内会植入各种各样的传感器，我们与机器之间的联系会越来越紧密。

这些巨大的变革，一定会冲击到我们的情感、伦理、道德，以至于这个世界的秩序，会影响到我们的心智、感知和行为。

互联网、智能科技，让我们尽享技术带来的便捷和效率，世界已然成为一个真实的地球村；不过，飞速变化的世界和光怪陆离的技术发明，也让人不由得焦虑万分，气喘吁吁。碎片化在切割人们的时间、注意力、生活空间的同时，似乎还在碾压着生活的意义、生命的光泽。

当我们问“未来会怎样”的时候，其实我们心里真正想问的，是这样一个问题：这个世界会好吗？

很多人对日新月异的技术感到焦虑，不是因为它很能干——力气大、跑得快、记得多、算得快，而是因为今天的技术背后总好像暗藏着某种深不可测的力量，人类从来没有这样对技术本身感到如此的担忧。

这里重新汇集这些讲稿和文字，也只是与读者诸君一道，深入探究伴随世界巨变的脚步，我们的心智结构发生了什么改变，我们对这个世界、对人性的假设，已经发生了什么改变，以及这些深刻的改变，还将向哪里延伸，向哪里突破。

是的，无论世界如何风云变幻，无论技术如何突飞猛进，我们依然想问的是：这个世界会好吗？

“这个世界会好吗？”这是梁漱溟先生口述实录的书名。

这个问题，是100年前梁漱溟的父亲梁济先生，给儿子提的一个问题。1918年初冬的一天，已经下定决心殉清的梁济先生，在积水潭投湖自杀前的三天，问当时年方25岁，在北大哲学系任教的儿子梁漱溟，“这个世界会好吗？”梁漱溟当时的回答是：“我相信世界是一天一天往好里去的。”

“能好就好啊！”梁济说罢离开了家。这是他留给儿子的最后的话。三天后，梁济投北京积水潭自尽。梁氏父子用一生的努力在思考“这个世界会不会变好”这个问题，其实这个问题也埋在许多人的心底。

今天在互联网、智能科技带来巨变的时候，我们也想问：未来会怎么样？这个世界会好吗？

这是一个需要不停地追问，不停地思考，不停地努力的问题。互联网大潮不只是改变了世界的面貌，它正在日益强悍地改变着我们的大脑深层，改变着我们的心智结构。

“人是一株会思想的苇草”，这是法国思想家、早期计算机的奠基人帕斯卡（Blaise Pascal，1623年6月—1662年8月）在《沉思录》[①]中的一句话。互联网世界是无数个“思想苇草”的聚合，这也是认知重启的新希望。

最后，借此一角我想感谢东方出版社、莫干山丛书编委会的各位老师，特别感谢本书的特约编辑邵青老师的督促和鼓励，感谢苇草智酷查京菁、美热义·赛尔江两位同学帮我做了大量的编

① 《沉思录》是17世纪布莱士·帕斯卡为基督教辩护的一本书，他如今在法国文学中的地位主要基于他去世之后这本书的整理出版。资料来源：Clarke，Desmond，“Blaise Pascal”，*The Stanford Encyclopedia of Philosophy*（Fall 2015 Edition），Edward N. Zalta（ed.），URL = <https：//plato.stanford.edu/archives/fall2015/entries/pascal/>。

辑工作，没有她们就算是文章汇编，也是很难完成的。当然，这部汇编文集中的诸多错谬之处，还希望求教于读者诸君，望不吝赐教。

绪论 认知重启

李鸿章（1823 年 2 月—1901 年 11 月）认为资本主义工业革命对东方帝国来讲，是一个三千年未有之大变局——我想借此言说，互联网对今日之中国而言，也是一个千年大事。互联网所引发的时代变革，其深度和广度，不亚于资本主义工业革命对后续 300 年世界走向的影响。2019 年，从阿帕网到互联网走过了 50 年的历程，借此机缘，对互联网所蕴含的变革思想进行全面的梳理、思考和探究，对突破认知的藩篱、重启认知，具有重要的现实意义。

01 互联网：千年大事[1]

重塑史观

1492 年，生于意大利北部港口城市热那亚的哥伦布，终于说服了西班牙王后伊莎贝拉，率领 3 艘帆船，87 名水手，开始了一段伟大航程，越过大西洋，一路向西，试图开辟通往东方乐园印度的航路。经历了 70 个昼夜的惊涛骇浪，就在全体船员濒临崩溃、即将哗变的时刻，那片翘首以待的陆地，终于出现在地平线上。

最后结果是什么呢？结果就是到死，哥伦布都坚信自己踏上了这片叫作“印度”的土地。他们还把生活在这里的人们，称作“印第安”，也就是“印度人”。

① 本节内容选编自《生命传播：自我 · 赋权 · 智慧》（北京大学出版社 2018 年 5 月，第十九章，互联网：千年巨变，第 317—337 页）。

你也许想不到，指引哥伦布满怀信心开启新航程的航海图，是一张淹没在历史尘埃中1300多年的古老地图，这张地图出自古罗马帝国、时任亚历山大图书馆馆长的托勒密之手。更诡异的是，这张地图竟然是错的。

怎么回事呢？就在哥伦布开启航程之前15年，1300年前托勒密撰写的《地理志》被重新发现，这位伟大的天文学家、地理学家的著作，终于重见天日。于是，如获至宝的哥伦布，把托勒密的《地理志》作为指导自己航行的航海指南。

如果我们细读历史，总是可以发现很多这样有趣但又发人深省的小故事。不过令人遗憾的是，我们小时候读到哥伦布大航海的故事的时候，这些有趣的历史掌故，被悄悄抹掉了，只剩下描述哥伦布勇往直前、信心满怀的英雄叙事。

传统教科书告诉我们，哥伦布之所以一路向西开始他寻找印度的航海之旅，是源于相信地球是圆的；但传统教科书并没有告诉我们，其实对于距当时1000多年前的古希腊人来说，地球是圆的已经是极为普通的常识。传统历史书还告诉我们，哥伦布错误地将美洲大陆命名为印度，错误地将当地原住民称为印第安人；没有告诉我们的是，哥伦布所凭借的托勒密的地图，原本就是错误的。

对于当时绝大多数欧洲人来说，在过去一千多年基督圣经思想的灌输、熏陶下，世界由非洲、欧洲和亚洲三大板块构成，这是上帝创造世界的全部，是天经地义的。

哥伦布大航海之后10年，意大利佛罗伦萨的一位商人探险家韦斯普奇，多次参加了绕过非洲大陆南端好望角，通过印度洋，抵达美洲大陆的航行。今天的美洲大陆，据说就是以韦斯普奇的名字命名的，韦斯普奇是他的姓氏，他的名字叫作亚美利哥。

也正是韦斯普奇的发现，欧洲人渐渐明白了哥伦布当年抵达的，并非是印度，而是一片圣经上从未提到过的新大陆。

"圣经上从来没有提到过的新大陆"，这件事情简直太大了啊！简直可以说，是天打五雷轰啊！总之，心灵的巨大震撼，可想而知。

哥伦布借助一份失而复得、又谬传千年的旧地图，却发现了新大陆，这听上去有点"高级黑"，但却真实反映了千百年来人类知识信念的遭遇。

在超过1000年的时间里，欧洲人脑海里整个世界的面貌，是以地中海为核心，周边围绕着三块大陆，北面的欧罗巴、南面的阿非利加和东面的亚细亚。新大陆的出现，让人的脑子一下子懵了，这是一桩天大的事。欧洲的文艺复兴，固然有奥斯曼帝国崛起和东罗马帝国衰落的史实，也有西班牙、葡萄牙率先环球航行，试图开辟通往东方香料之国贸易路线的经济利益驱使；但发现新大陆的震撼，却引发了一代人的内心激荡和深思。

讲这个小故事的目的，是想说，互联网也应该这么来看，才能看得远、看得深、看得清。

对生活在现代社会的成年人来说，10多年甚至超过20年的体系化教育，加上庞大的组织机构的塑造，以及生活世界、文化习俗的熏陶和洗礼，我们每个人，都拥有这样那样的对世界的基本看法，也拥有可以自圆其说的生活态度。当互联网、智能科技将网购、游戏、打车、支付、智能手机带到你面前的时候，你会非常顺畅地将这些新鲜玩意儿纳入头脑中已经存在的解释体系当中，作为个体经验的延展。

在刚开始的时候，可能并没有什么问题；然而，当一代又一代新人崛起，当碎片化生活极大地改变了生活面貌，当几分钟就会下意识地拿起手机成为一种习惯，当智能装置知道了你太多的信息，甚至比你自己还了解你的时候，人不由得会滋生出一种本能的恐慌。

当人工智能、机器人越来越快地表现出普通人难以企及的运算能力、记忆能力、辨识能力、负重能力、奔跑能力，甚至一个领域一个领域地侵占过去属于人的工作岗位、工作职责，让越来越多的职业乃至行业消失的时候，人开始了更大的恐慌。

如何理解互联网、智能科技带来的世界巨变？很多人都意识到不能只是从工具理性的角度去思考，那样不够。那么从哪里开始呢？我觉得大历史观是一个好的切入点：互联网，带来的是千年巨变。

说互联网是一个千年巨变，其实是想说，要从大历史尺度来理解互联网，理解智能科技，要把互联网和智能科技重新放回到人类漫长演化史的大背景中，重新理解人与工具、人与机器共同演化的历史，看看能给我们带来什么样的启发。

教科书版的互联网发展史，总是把 1969 年连接美国加州大学洛杉矶分校、加州大学圣巴巴拉分校、犹他州大学、斯坦福大学四所大学的阿帕网（Advanced Research Projects Agency

Network，ARPANET）[1] 作为开端。从技术编年史来说，这是合理的。但从社会变迁、文化再造的角度看，这一标志性的事件，却是一桩千年大事。

这么说，是借用清朝末年北洋水师创立者李鸿章的一句话。在东方帝国遭遇西方启蒙运动、资本主义革命之后，李鸿章为奏请设立招商局，向同治皇帝上书曰："臣窃惟欧洲诸国，百十年来，由印度而南洋，由南洋而中国，闯入边界腹地，凡前史所未载，亘古所未通，无不款关而求互市。我皇上如天之度，概与立约通商，以牢笼之，合地球东西南朔九万里之遥，胥聚于中国，此三千余年一大变局也。"[2]

这是 1872 年的事情。李鸿章认为资本主义工业革命对东方帝国来讲，是一个三千年未有之大变局——我想借此言说，我们需要理解互联网对今日之中国和世界而言，是一个千年大事。

千年大变局，放在当今互联网浪潮席卷全球、颠覆传统、变革组织和全面介入人们日常生活的画面中，其实一点也不过分。

如果不从千年大变局的角度看，恐怕我们就很难理解，为什么一个名叫尤瓦尔·赫拉利（Yuval Noah Harari，1976 年 2 月—　）的"70后"年轻人，10年前撰写的一部《人类简史》[3]，会成为世界级的畅销书？为什么 10 年前一个名叫中本聪的人，创造的比特币，会令今天各国政要、央行行长、商界领袖和学界

① 阿帕网即高等研究计划署网络（英语：Advanced Research Projects Agency Network，缩写 ARPANET）是美国国防高等研究计划署开发的世界上第一个运营的数据包交换网络，是全球互联网的鼻祖。资料来源：维基百科 https：//zh.wikipedia.org/wiki/ARPANET。

② 李鸿章：同治十一年（1872 年）五月《复议制造轮船未可裁撤折》。

③ ［以色列］尤瓦尔 · 赫拉利：《人类简史：从动物到上帝》，林俊宏译，中信出版社 2014 年版。

精英，都趋之若鹜，视为千年货币史上的重大战略变革？

放宽历史的视野，发现新大陆，是当今时代巨变的一个重要特征。而发现新大陆的驱动力，来自人类内心奔涌不息的创造力和对未来澎湃的想象力。

下面我再讲一个200年前的小故事，大家一起来领略想象力的魅力。

1818年，英国小说家雪莱夫人，出版了一部科幻小说，名字叫作《弗兰肯斯坦：现代普罗米修斯的故事》，也被翻译成《科学怪人》。小说的主人公弗兰肯斯坦是一位生物学家，醉心于探索生命起源。他探索生命起源的方式奇特而又魔幻，他偷偷地从停尸房里偷来各种人体的拼块，拼凑出一具完整的人体。当这具被拼凑而成的怪物，在弗兰肯斯坦博士用电化学方法激活，终于睁开眼睛的时候，他丑陋的外表和狰狞的面目，让弗兰肯斯坦魂飞魄散，落荒而逃。

雪莱夫人在小说中，描绘了被弗兰肯斯坦创造出来的怪人，在人世间四处流浪时的经历，以及学会用火、学会人类的语言、试图与人类亲近的坎坷遭遇，也描述了怪人情感幻灭之后与人所发生的一系列冲突，以及所发生的一切诡异的命案。最终，当弗兰肯斯坦独自面对怪人时，怪人袒露自己的心扉，渴望异性爱人、渴望人的亲近和理解，但弗兰肯斯坦最终拒绝怪人为他制造一位异性同伴的请求的时候，弗兰肯斯坦被他所创造的怪人杀死，怪人自己则自焚而死。

2018年是小说《弗兰肯斯坦》发表200周年。200年的世界已经发生了天翻地覆的变化，但新的巨变依然在孕育之中。

当日益强大的机器人、人工智能产品，进入我们的生活，为生活提供各种便利的时候，更加强大的人造机器、人工合成生命，正在科学家的实验室里热火朝天地拼装、测试、发布。未来学家和技术专家们，争先恐后地宣布着未来10年、20年，以及更远年代的未来画面，这让我不由得想起《弗兰肯斯坦》的创作背景。

100多年前，正是科学主义大行其道、进步凯歌处处高扬的时代。物理学家们宣布这个世界的物理学定律已经基本发现完毕，剩下的任务只是把物理学常数，测量得更加精确一些；数学家们致力于写出最完整、最权威的数学全书，把已经发现的、尚未发现的数学定理都一网打尽；电力技术、通信技术、汽车与铁路、流水线与公司的发明，让整个欧洲呈现出欣欣向荣的景象。

弗兰肯斯坦就是无数个这样的科学家中的一个。他拥有良好的教育背景，精湛的实验室技术，更重要的是，拥有坚定地相信可以透过人的智慧和双手，创造全新生命的信念。

与之相比的东方世界，则依然停留在闭关锁国、体用之争的纠结和困顿之中，仿佛运行在两个完全不相干轨道上的星球。

这里我们暂且不去评述100年来、500年来，以至于2500年来人类历史的波澜起伏，而是想提出这样一个问题：新一波历史巨变业已萌发，我们的思想准备好了吗？我们理解这个新世界的知识、信念、心智结构准备好了吗？

这是一个大问题。

互联网孕育认知重启

千年大事怎么看？这里引用被誉为“互联网女皇”的 KPCB① 合伙人玛丽·米克（Mary Meeker，1958 年 9 月—　），2015 年 5 月 27 日发布的《互联网趋势报告》里的一张片子②。这张片子呈现了 1820 年到 2010 年的 190 年间，世界五大经济体欧洲、中国、美国、印度和拉美各自 GDP 占世界 GDP 比重的变化。虽然尺度还不够大，只是说百年跨度，但也足以令人感受到大尺度看问题带来的启示。

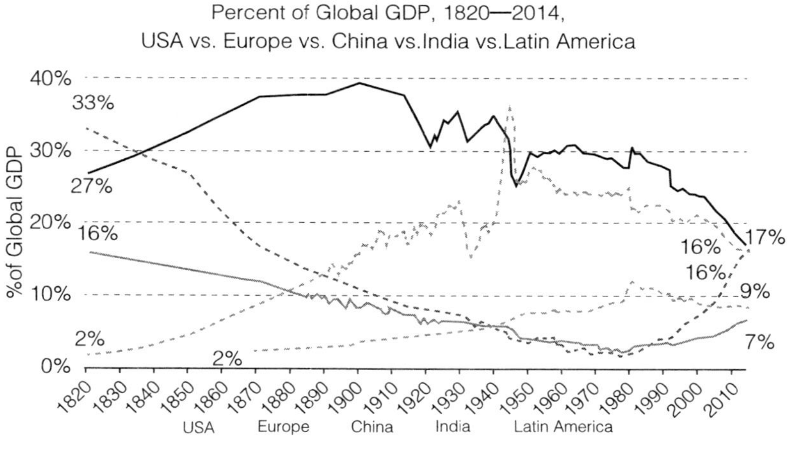

1820 年，中国 GDP 占世界比重为 33%，大约三分之一，欧洲

---

① Kleiner Perkins Caufield Byers（KPCB）总部位于美国加州硅谷门洛公园（Menlo Park），为一家专注于孵化及早期投资的创投公司。资料来源：维基百科 https：//en.wikipedia.org/wiki/Kleiner_Perkins。

② 报告全文参见：http：//www.kpcb.com/internet-trends ，2015-5-27。

27%，美国 2%，1820 年美国刚建国不久，南北战争还没开打。这个数据可能会让很多人感到自豪，用阿 Q 的话说，我们祖上曾经富过。然后伴随资本主义工业革命的迅猛发展，从这个图表可以看到，中国在 160 年的时间里一路下滑，直到 1980 年改革开放开始反弹。而美国则持续崛起，成为世界第一大经济体。然而从 1980 年开始，欧洲和美国发达经济体则掉头向下，中国迅速崛起。也许有人会套用 40 年前熟悉的一句话，“敌人一天天烂下去，我们一天天好起来”。

但真的是这样吗？我认为这种言论非常令人担忧。用 GDP 这个单一经济指标来衡量过去 30 年社会变迁、世界格局变化，是非常狭隘的。但我们如果认真分析过去 100 年、过去 30 年的发展历程，就能感受到问题绝没有那么简单。

过去 100 年来，发达资本主义社会剧烈动荡，两次世界大战、极权主义盛行、旧秩序崩溃、经济危机席卷全球，在这种大背景下，进入 80 年代的欧美经济，开始掉头向下，似乎其内生增长动力急剧丧失，结构矛盾日益凸显。但是，如果我们把微电子技术、互联网兴起、信息革命这股力量考虑在内的话，恐怕就不能简单地用工业时代的思想眼光来看待这种单一指标所表现的格局变化。

特别在过去 40 年里，欧美发达国家的科技领域正在经历深刻的认知重启，这场重启仍在继续，且不断波及社会科学各个领域。这种重启，是以每十年一波的浪潮迭代加速的，从 70 年代微电子技术兴起、80 年代个人电脑普及、90 年代互联网进入商业领域，到过去 20 年里，智能手机、生物科技、人工智能、区块链、物联网技术等快速发展，一方面显示了科技创新带来的勃勃生机，同时，也引发了全球范围内电子商务、社交网络、移动互联网、新媒体、大数据、分享经济的创新应用；但另一方面，这一波又一波加速迭代的科技浪潮，也对传统理论体系、思想方法，提出了尖锐的挑战。这一挑战的核心就是：过去为人所熟知的原理、法则、框架、常识，渐渐出现了松动的迹象——知识的谱系在瓦解，解释系统在失效。

我们来看几个例子。

在医院消化内科的宣传栏里，经常可以看到这样的说法：幽门螺旋杆菌是胃癌的元凶。幽门螺旋杆菌是在人体胃中存活的一种厌氧微生物，体检的时候吹口气，就能检测出胃里面是不是有这种微生物。一旦检测阳性，人们就很担忧。过去的标准疗法是用抗生素杀灭幽门螺旋杆菌，今天医学界已经逐渐意识到问题可能没那么简单。

2017 年《自然杂志》发表了一篇论文，合作者是德国普朗克医学研究所和美国斯坦福大学医学院的专家，他们发现幽门螺旋杆菌可能通过诱导胃黏膜下方干细胞的过度增殖，致使干细胞在增殖过程中积累大量的 DNA 损伤，从而诱导癌症的发生。这就带来一个治疗上的问题：到底要不要杀灭这种微生物？医学界其实并无一致的意见。关于这个问题，您可以进一步了解专业的医学刊物。这里举这个例子，是想说平日里人们认定为真的事实，特别是以科学面目出现的所谓事实，站在专业的角度看，并非坚硬的科学知识。

再举一个例子，阑尾是人体的一个器官，但长期以来阑尾这个器官被误认为毫无用处。说来有趣，最早发现并命名阑尾这个器官的，是著名的博物学家、绘画大师达·芬奇。不过此后近450年的时间里，人们对阑尾的作用一无所知。17世纪，打磨了一辈子镜片的荷兰科学家列文虎克，用当时最先进的显微镜发现了毛细血管、微生物、精子等，打开了探索微小生命世界的大门。不过他在肠道中发现细菌这件事，还是引起了人们的恐慌，这种恐慌延续至今。

法国微生物学家巴斯德，发明了巴氏消毒法，研制了狂犬疫苗，奠定了科学研究微生物的重要理论框架。但是巴斯德认为肠道菌群与人体是共生关系的睿智见解，在他去世后近70年的时间里都无法得到人们的广泛接受。细菌与病毒被视为导致人们罹患各种传染疾病的根源，保持洁净并杀灭病菌，是300年来人们看待人体健康和公共卫生的唯一准则。过去10年里，微生物学家和生理学家才意识到，阑尾并非是一无用处的器官，它其实是胃肠道微生物菌群的最后庇护所，是实现人体内菌群平衡的重要器官。

这些事例，大家可以说是科技进步必然的结果。过去我们认识中的局限性，会在后来的新发现中慢慢被超越。这个说法倒是不错，但有些东西，还真是很难超越的。因为它不属于认识层面，它已经成为了人的本能。

比如说起鸡皮疙瘩这件事。动物学家有一个有趣的发现，小型动物在遭遇大型动物，面临生死考验的时候，往往会演化、发育出各种花式求生方法。比如极速膨胀身体、发出刺耳的尖叫声、快速抖动尾巴等，这些本领也包括毛发竖立。

毛发竖立，就是动物受到威胁、挑衅，以及处于惊恐或者战斗状态的一种生理反应。这个我们从鸡、鹅、猫、狗等身边的动物那里都可以观察到。那么人呢？人其实在漫长的生存博弈中，也是一样。有太多的生死考验摆在人的面前。作为一种生物，人在遭遇生死考验，或者摆出战斗姿态的时候，也会毛发悚立。我们今天当然不会看到这一点了，因为大约 50 万年前，人类渐渐褪去了体毛。但这种生物本能依然留存了下来。这个本能就是起鸡皮疙瘩。所以我们在极度惊吓、寒冷的时候，就会起鸡皮疙瘩。

认识到阑尾并非没用的器官，这个看上去是认识领域的事情，好像只是属于理性范畴，纠正起来可能比较好办一点；但起鸡皮疙瘩，以及生活中养成的对某些气味、食物的偏好，甚至厌倦，是无论如何克服不了的。你可能会觉得，这不是同一回事啊。看起来不是，但实际上对大脑而言，认识与认知，在底层上是相通的。

怎么回事呢？过去 50 年里，意识逐渐成为学者们关注的一个研究领域。过去对意识的研究，往往被边缘化了，生物学家认为研究肉体、器官、机能就够了，意识属于心理学。心理学家则认为，人的心智活动只不过是外界刺激和心灵反应的一种模式，意识问题属于哲学范畴。哲学家呢，也并不接这个球，也许是觉得意识太复杂玄妙了，简直无从下手，于是就干脆从抽象的思辨入手，将意识问题归结为情绪、心理情结，再把球踢回给心理学家。

过去 50 年中，这个局面有所改变。人们开始渐渐了解了大脑的构造，了解神经元、基因、生物电信号，了解到多巴胺、肾上腺素等化学递质，渐渐开辟了对意识、本能、情绪的深入研究。这个研究领域依然方兴未艾，但给我们的一点启发，就在于深刻了解了生物的漫长演化史中，除了基因的作用之外，还有无所不在、无时不在的环境压力，以及生命与环境之间彼此的交互，给生物体自身所带来的演化痕迹。这一学科目前叫作表观遗传学，被誉为遗传学的一场革命。

从另一个角度说，人类学会使用工具，进入石器时代，渐渐发育出语言的时候，就形成了今天所说的文化的萌芽。这些咿咿呀呀的嘶吼声，渐渐演变为有意义、有所指的元音符号，伴随着喉结和声带的进化。所有的进化印记，都像地质演进的地层堆叠一样，层累叠加地被刻写在大脑神经网络的底层，形成我们人脑意识的物质基础。如果说，人的认识是可以清醒意识到的、被符号化的所有知识沉淀的全部的话，那么人的认知，则是那种更靠近生命本能，表现为直觉、记忆、情绪反应的生命感受系统。

如果把人比作一台电脑、一部手机的话，知识体系和生命感受系统，都属于人的软件系统，知识系统是操作系统，而生命感受系统则像介乎硬件和操作系统之间的底层解释系统。

说到这里，我相信大家会有这样的理解：当今互联网带来的巨大变革，并非只是在我们大脑操作系统上多增加几个应用软件那么简单。互联网、智能科技已经开始改变人脑的操作系统，甚至于改变人脑的底层解释系统了。就好像数百万年间，人类学会使用工具，而工具反过来驯化着人的大脑一样。就像《人类简史》的作者赫拉利说的那样，我们出去遛狗的时候，可能从来不曾意识到，其实狗也在遛我们。

所以说，技术革命不只是延展了人的机能，也不只是驯服自然的成果，技术革命的工具反过来也在驯化人本身。理解到这一点，就能明白认知重启的价值和作用。互联网是一次巨大的认知重启，这意味着我们需要从底层重新梳理对世界的解释系统，学会重新看待世界，走出传统知识体系、观念思想的束缚，未来的挑战是重新定义这个我们熟悉的世界。了解认知需要重启，目的是什么呢？这就是我们今天谈得很多的主题，重新定义一切。

过去 40 年里，欧美所经历的认知重启，仍在不同领域继续发展。这种重启，是伴随着我们所熟知的 70 年代微电子技术兴起、80 年代电脑普及、90 年代互联网进入商业领域，以及 21 世纪人类进入智能科技时代的节奏出现的，这固然是 40 年信息技术驱动的科技革命、经济变革的重要组成部分，但是，如果把这种认知重启理解为工业资本主义的高级阶段，理解为 GDP 增长主义的自然延续，就很难理解为什么会出现 2008—2009 年世界范围内人的经济危机，也很难理解为何机器人、人工智能、虚拟现实技术在沉寂数十年之后，再度卷土重来，也很难理解近几年世界政治格局日益复杂化，以及 2016 年特朗普上台①。

重新理解 20 世纪 80 年代以来的思潮，我认为有一个重要的

① 从参与竞选以来，特朗普通过公开发表各种争议性言论，确立了反建制、反精英、反“政治正确”的立场，并树立了一个强硬、不服输、口无遮拦的形象，引发了共和党内的极大分歧，也在很大程度上搅乱了美国政坛。很多人将这种现象描述为“特朗普主义”。资料来源：https：//www.jiemian.com/article/948032.html，2016-11-09。

标志，就是1978年美国斯隆基金会发布的“认知科学报告”[①]。在这份报告中，认知科学被描绘为六大学科的综合：神经科学、计算科学、语言学、心理学、人类学和哲学。这六大学科的综合，已经极大地改变了我们所理解的这个世界，以及人与人、人与机器、人与自然的关系。1979年美国认知科学学会成立，沿用了这个框架，并增加了第七个维度：教育。1983年，日本认知科学学会成立。中国认知科学学会，成立于2011年[②]。在这样的视角下，我们才能很好地理解为什么近10年前沿科技正在掀起一波又一波的狂潮，在极大地挑战着我们对这个世界的基本假设。

这里，我想引用三本杂志，一个是2009年《自然》杂志的封面文章，“你的命运操在你手里”。这是关于基因编辑的一篇文章。虽然生物工程所引发的警惕远大于它所带来的潜在收益，但人们还是忍不住想象人工合成生命、基因干预、靶向治疗、精确医学的前景。第二个是2015年《时代周刊》的封面文章，“2045：人类将会永生”，这明显是美国奇点大学创始人、硅谷思想家库兹韦尔（Ray Kurzweil，1948年2月— ）的理论。第三篇文章，是2010年《经济学人》杂志，“我们会迎来一个机

---

① Cognitive Science,1978:Report of the State of the Art Committee to the Advisors of the Alfred P. Sloan Foundation；October 1, 1978；参见：http://csjarchive.cogsci.rpi.edu/misc/CognitiveScience1978_OCR.pdf。

② 中国心理学、认知科学界并非与世界隔绝的状态；心理学、认知科学、神经科学等相关学科的学者们，在跟踪、研究这一领域的数十年里，做出了大量艰辛的努力。比如北京大学心理系早在90年代就开设“认知神经科学讲习班”，北京大学心理系朱滢、王甦、沈政教授等1998年部分编译出版了M.S.Gazzaniga主编、170余位世界级学者撰写的《认知神经科学》。2014年9月，朱滢老师亲赠他在15年前编写的《实验心理学》教材（第三版），并在2015年8月网络智酷举办的第四期读书沙龙“走进意识”中，概要讲述了认知科学在国内的发展历程。中国认知科学界，在2009年就正式向有关部门提出了成立中国认知科学学会的申请，并在2010年承办了第七届国际认知科学大会。

器人时代”。这三篇文章，分别代表了欧美科技界、学术界、传媒界对未来30年的基本判断。基于此，这些年来我一直特别好奇的是：我们都充分感受到了互联网改变世界的力量，也充分感受到了互联网改变生活方式、工作方式、交易方式之后所带来的种种便利和新奇体验。但我依然忍不住要追问：互联网到底改变了什么？

这是我2010年就提出的一个问题。这里我想先从一个跨学科的概念，简单谈谈我对这个问题的思考。

这个概念叫“人类世（Anthropocene）”[①]。

为什么要讨论“人类世”？

2016年8月27日—9月4日，在南非开普敦召开了第35届国际地质学大会[②]。这次会议有一项重要的议程，就是国际地层委员会（ICS）下设的“人类世工作组（AWG）”对“人类世”这一术语是否纳入地质纪年序列进行表决。在AWG的35位委员中，有34人认同“人类世已经是地层学的事实”，最后有30票赞成

① 参看Chris Kelly文章（2015-4-11），人类世：地质记录中的人类，*The Anthropocene：Humankind in the Geological Record*；http：//www.because-science.org/blog/2015/4/11/the-anthropocene-humankind-in-the-geological-record。

② 第35届大会于2016年8月29日至9月3日召开，大会主题是“地球科学为社会服务、基础地球科学研究、经济发展中的地球科学研究”，主题下设48个科学专题。国际地质大会是一个非营利的学术和教育组织，每四年举办一次。自1961年国际地质科学联合会成立以来，它已成为展示国际地科联项目成果的首要论坛，在国际地学界享有很高的声誉，有“地学界奥林匹克”之称。资料来源：中国科学技术协会http：//www.cast.org.cn/n200645/n202118/c396649/content.html，2016-08-31。

将“人类世”正式接纳为地质学术语[①]。

2015年，《自然》和《科学》两个著名的学术期刊上分别有两篇论文[②]在探讨15年前由诺贝尔化学奖获得者克鲁岑[③]（Paul Jozef Crutzen，1933年12月—　）提出的议题：如何定义“人类世”？

《自然》和《科学》上的论文，对把“人类世”纳入地质纪年，其实并无大的争议，所争论的，是什么时候开始算。克鲁岑说应该从1776年瓦特蒸汽机开始算，英国莱斯特大学地理学教授扎拉斯维奇（Jan Zalasiewicz，1954年—　）认为，应该从1945年第一颗原子弹爆炸开始算[④]。这里面的争论很热闹，我们暂且不表。

那这个“人类世”是什么意思？为什么要把“人类世”纳入到地质纪年里去呢？这是我们理解互联网需要关注的一个大背景。

在过去的10多年里，世界地质学界热闹非凡。比如2004年第32届世界地质学大会上，就提出一个口号叫作“全球地质学文艺复兴时代来临”[⑤]。地质学家一直在探讨这样的问题，就是今

① 参看报道：http://www2.le.ac.uk/offices/press/press-releases/2016/august/media-note-anthropocene-working-group-awg。

② William F. Ruddiman, Erle C. Ellis, Jed O. Kaplan, Dorian Q. Fuller, “Defining the epoch we live in”, *Science*, Vol.348 No. 6230 pp.38-39, 2015-4-3; Defining the Anthropocene, Simon L. Lewis, Mark A. Maslin, Nature, 519, pp.171-180, 2015-3-12.

③ P. J. Crutzen, E. F. Stoermer, “The Anthropocene”, IGBP 41, pp.17-18, 2000; P. J. Crutzen, “Geology of mankind”, *Nature*, 415, pp.23, 2002.

④ J. Zalasiewicz, et al., “The Anthropocene: a new epoch of geological time?”, *Phil. Trans. R. Soc. Land* A369, p.835-841 (2011).

⑤ 殷跃平：《全球地质学复兴——第32届国际地质大会环境地质述评》，《地质通报》第24卷第2期，pp.99-103，2005年2月。

天我们身处其间的这个地球，它的地质活动——描述这个现象有一个专门的名词，叫作“地质营力”——已经不只限于自然现象，比如火山喷发、冰盖融化、板块运动、造山运动、物种迁徙等。人类活动已经深深地介入地质的构造、地质的形态、生物圈、大气圈的演化当中了，也就是说，人类活动越来越成为我们依存的这个环境的重要因素。

关于“人类世”的讨论，可以引用中科院兰州文献情报所刘学等撰写的一篇综述文章[①]。该文中提供了这样一组数据：在过去的400年里，人口总数增长了12倍，在过去的100年里增长了4倍，有人预计到2050年世界人口总数将达到100亿。这是第一组数据，文章中涉及城市规模、经济增长等我就不提及了。再讲第二组数据。2015年5月，美国海洋和大气管理局发布了一个最新报告，地球大气二氧化碳浓度历史性地超过了400ppm。超过400ppm在地球演化的时间长河中有一个时间点，是350万年前。这个数据至关重要，非常具有象征意义。我们知道，在1200年到2000年间，这个数字大致在285ppm左右波动。1200年是人类进入农业社会的时期。也就是说，漫长的农业社会到200年前工业革命，人类活动对整个地球的大气、地质环境的影响是非常有限的。但进入工业革命的快车道后，情况已经有了巨大的变化。在过去的十年里，有大量的国际会议在讨论“人类世”带来的影响，包括土壤、地貌，包括海平面上升，包括地球温度将来会不会面临上升4摄氏度的挑战。

---

① 刘学等：《关于人类世问题研究的讨论》，《地球科学进展》，第29卷第5期，pp. 640-649，2014年5月。

与此相关的另一个主题，叫“第六次物种大灭绝”[①]。2014年年底，同样是《自然》和《科学》杂志，发表了两篇重磅文章，对2014年世界科学大事进行盘点，其中有一件事情，叫作第六次生物大灭绝。为什么这么说呢？因为地质学家、考古学家考证，260万年前出现了人和猿在进化论上的分离，当然人还不是现在意义上的人，200多万年经过了直立人、能人，到今天的“智人”，这个时间，有人锁定在大约6万年这个时段。解剖学意义上的人类走出中非大峡谷是6万年左右，当然有些学者还有争论，给了一个区间，2万至6万年。在第四纪人类参与到地球活动中来以后，越来越多的人类活动改变了地球的面貌。

特别是1600年以来，高等动物灭绝了724种，生物的生存面积减少了90%。过去100年间，哺乳动物灭绝了23种，比化石记录要高13～135倍。更不用说温室气体排放、臭氧洞、海平面上升、温度上升这些事情了。所以说，学者们认为这第六次物种大灭绝还真不是危言耸听。物种灭绝的速度加快了，甚至是集成了前五次物种大灭绝的各种因素，前五次物种大灭绝离我们很久远，离我们最近的物种大灭绝就是白垩纪末期的恐龙大灭绝。这是2015年的新闻，提出了物种大灭绝的事情，至今还被人们热烈地讨论着。

从寒武纪生物大爆发以来的6亿年间，生物界已经经历了五

① 美国斯坦福大学、普林斯顿大学和加州大学伯克利分校研究人员在科学期刊 *Science Advances* 发表文章“Accelerated modern human - induced species losses：Entering the sixth mass extinction”，并在文中指出：“第六次物种大灭绝”现象正在发生，人类自我救赎的大门正在加速关闭。资料来源：http：//advances.sciencemag.org/content/1/5/e1400253，2015-06-19。

次物种大灭绝。前五次大灭绝的大致时间间隔是6000万年。物种灭绝的深度，最厉害的一次是2亿年前的那次物种大灭绝，95%的物种灭绝了。离我们最近的第五次物种大灭绝是侏罗纪晚期到白垩纪的恐龙大灭绝，这次恐龙大灭绝让75%到85%的物种消失了。跟早期物种灭绝的速度相比，我们今天物种灭绝的速度在加快。如果说3亿年间，从二叠纪的物种大灭绝到现在，平均每一百年会有27个高等物种灭绝。最近100年是58个，也就是说平均每4年就有一个。据美国的生物学家威尔森教授预计，已经灭绝的物种达到数万个。这样的物种灭绝当然有其自身的演化进程，但至少有一点需要注意，就是人类活动对物种灭绝的影响与日俱增。

2012年以来，以色列耶路撒冷大学历史学家赫拉利所写的《人类简史》，被翻译成30多种文字出版，成为重磅级的畅销书。这个生于1976年的年轻学者写的这本书为什么能引起全世界的轰动呢？我自己理解可能是这样的原因，就是我们看待这个世界的目光，看待这个宇宙、地球、环境的目光需要重新审视，人类历史发展的整个历程需要重新审视，人类发展的内在动力、发展路径和发展目标需要重新审视。重新审视的基础，就是人与自然共生演化的完整过程，就是将人回归到生物界的一个物种。

他让我们知道，我们和其他的物种之间是一个什么样的关系。所以我个人认为人类重启是这样一个基本的理解，我们将要从人类中心主义[①]（Anthropocentrism）走向自然主义[②]（Naturalism），我们只不过是三千大千世界中的一个分子而已，这一点既不卑也不亢，坦然、欣然。

这里需要破除几个被符号化、被格式化的思想认知。破除，并不是那么容易的，因为我们今天学习的东西方的文化都已经几经辗转、几经断裂，已经是变异走样的文本。

比如美国康奈尔大学教授马丁·贝尔纳（Martin Gardiner Bernal，1937年3月—2013年6月）出版于1987年的三卷本著作《黑色雅典娜》，就是从另一面深刻反思启蒙运动的佳作。西方的Logos中心主义[③]是柏拉图以来西方思想的主轴，这是不是有问题？毛泽东在1941年写的《改造我们的学习》一文中提出教条主义的一个表现就是“言必称希腊”[④]。“言必称希腊”，不但指教条主义，我觉得也指那种固化了的“史观”“文化观”。在

---

① 以人类为世界的中心的理论。这种观念是近代西方文化的主导观念，是根植于工业文明内部的基本价值观念。它意味着人的中心地位的高扬，包含着把自然界仅仅视为对象性的存在，人类可以随意支配主宰自然的思想，以及通过对自然的征服来满足人类日益增长的需求的主张。资料来源：朱贻庭主编：《伦理学大辞典》，上海辞书出版社2002年版，第158—159页。

② 用自然原因或自然原理来解释一切现象的现代哲学思潮。在本体论上，自然主义认为宇宙间的一切存在都是自然的；整个宇宙都只不过是由自然对象构成的，任何自然对象都存在于时空的因果序列之中，对一切存在的解释最终都必须归结为对时空中的对象和事物的解释。资料来源：程志民、江怡主编：《当代西方哲学新词典》，吉林人民出版社2004年版，第343—344页。

③ “逻各斯中心主义”，与“在场形而上学”是一体的两个侧面。这个词是德里达生造的。它合并了逻各斯（logos）与中心（centre）两个词，又加上一个“主义”后缀（-ism）。在德里达看来，西方传统认识和语言观总是在追求一个永恒的中心，即形而上的本源和绝对权威。逻各斯便是其中的典型。现代西方人不断地批判形而上学的种种理论，然而在方法上却因循着它的窠臼。德里达把这种思维方法称为逻各斯中心主义。资料来源：王治河主编：《后现代主义辞典》中央编译出版社2005年版，第477—478页。

④ 源出于毛泽东同志的《改造我们的学习》一文。是毛泽东同志在1941年5月的延安干部会议上，针对党内有些人盲目崇拜外国的东西，而不重视研究本民族的现状和历史的错误倾向提出的尖锐批评。资料来源：高清海主编：《文史哲百科辞典》，吉林大学出版社1988年版，第390页。

很多人眼里，包括今天西方大学课堂上，以及主流的历史教科书里，希腊是西方文明（乃至于世界文明）的源头。马丁·贝尔纳颠覆了这一思想。他用翔实的人类学、考古学、历史学证据，说明“雅利安文明”是包装出来的，是过去200余年里启蒙运动包装的产物。之所以如此，是因为我们需要一个欧洲文明的源头叫古希腊，古希腊一定是白色的、纯洁的，是欧洲文明乃至世界文明的源头。这一看法可谓惊世骇俗，曾引起西方学界强烈反弹。雅斯贝尔斯（Karl Theodor Jaspers，1883年2月—1969年2月）讲的轴心时代说①，2500年前，世界出现了四大文明，古希腊文明、犹太文明、印度文明和中国文明。这个轴心时代的说法认为，在短暂的500年间，在狭长的北纬25度到35度的区域——听上去就像“Duang”的一声——四大文明就这么突如其来地诞生了，我们今天的人类史就是这么写出来的，充满着进步主义的乐观，充满着以人为本的情怀。只要服务于人，“以人为本”，就是唯一的目的。但今天看，贝尔纳的观点日益显示其独到的眼光和深度。

2016年1月9日—10日在北大召开的生命传播思想峰会上，有多位演讲者提到了连接关系，提到了社群，提到了共同体，也提到了普世性。但是这个普世我认为并非传统“以人为中心”的

① 德国思想家雅斯贝尔斯在1949年出版的《历史的起源与目标》中提出的概念。认为公元前800年至公元前200年之间，是人类文明的“轴心时代”。轴心时代是指人类文明精神的重大突破时期，这一时期孕育出了伟大的精神导师，如古希腊的苏格拉底（Socrates，前469—前399）、柏拉图（Plato，约前427—前347），以色列犹太教的先知们，印度的释迦牟尼，中国的孔子、老子等，他们提出的思想原则塑造了不同的文化传统，一直影响和决定着今天人类的生活样式和文化形态。资料来源：奚洁人主编：《科学发展观百科辞典》，上海辞书出版社2007年版，第517页。

普世，而是以“环境为中心”“以物种为中心”的普世。

在这个意义下，我自己在过去五年里的学习交流，得到了一些启发，我认为未来文明有这样五个方面的重大转向，已经有征兆。

第一，我们今天的记忆结构在重构。因为我们的阅读碎片化，认知碎片化，时间碎片化，导致记忆在人和机器之间，个体记忆和群体记忆之间有一个功能上的重新分配。

第二，由记忆重构带来的主体重构。我特别喜欢荷兰哲学人类学教授穆尔（Jos de Mul，1956年1月—　）的《赛博空间的奥德赛》。这本书里，他讲的是笛卡尔意义上的主体将会被驱逐干净，变成知识博物馆中知识考古学的东西。它们是抽象的主体，空洞的主体，没有肉体、没有器官的主体，毫无生机、毫无意义。

第三，基于记忆重构和主体重构，我们会迎来日常生活的重构。日常生活将不是日复一日的Everyday life，而是日日新的Daily life。

第四，表达方式的重构。传统表达方式对应着一个两分法的世界，表达的价值在于获得共识。但我的问题是：如果我们没有共识，是不是就没法好好说话？这意味着我们需要重新理解共识。共识并非一定通过“同意”，可以经由“会意”。

最后，我们迎来组织方式的重构。今天互联网带来层级组织的颠覆，这个大家已经充分感受到了，但从建构的层面讲，组织的含义将发生重大变化。组织是有机体的特征，组织允许金字塔结构存在，也允许扁平化存在，允许网状结构存在。这里面不存在哪一个更好的抽象问题。关键点在于：组织的结构和运转方式与整个网络的关系密切关联，自组织成为重要的力量。

2011 年，我和姜奇平合作出版了一本书，名字叫《新物种起源：互联网的思想基石》[①]。我认为我们未来会迎来一个新的物种，这个新的物种将会是人机一体化背景下的物种。我们在心物一元、共生演化、开放自组织这样一些理念之下，寻找这个新物种诞生的各种可能。所幸的是，我们是人，我们有思想、有想法、有情感，但其实不幸的也正在于此，所以就有了不停地“驯服命运”的念头，不停地行进在“征途之中”。

我认为要理解互联网，需要从三个维度展开：第一要理解什么是复杂性，第二要理解什么是社会网络，第三要理解公共空间的解构与重构。这三部分的内容，这里不再赘述，可参考 2014 年商务印书馆出版的拙作《互联网思想十讲：北大讲义》。

这里只特别说一下这次北大生命传播思想高峰论坛请到的彭特兰教授（Alex Pentland，1951 年 9 月—　）。我在 2014 年曾随团到访 MIT 媒体实验室[②]，与彭特兰教授有过一次交流。他历经 10 余年，聚焦“想法流动（idea flow）”这一核心概念，并以此研发出有实用价值的“社会测量牌”，为社会测量打开了新的视角。他有一本书，叫 *Social Physics*[③]，中译本把它译成《智慧社会》，其实我非常喜欢这本书的名字。为什么呢？因为 Social

---

① 段永朝、姜奇平：《新物种起源：互联网的思想基石》，商务印书馆 2012 年版。

② 美国麻省理工学院媒体艺术与技术实验室（The MIT Media Lab）成立于 1980 年，坐落于美国马萨诸塞州剑桥市，旨在使用科技创新让生活更高效。资料来源：https：//www.media.mit.edu/about/mission-history/。

③ Alex Pentland, *Social Physics: How Social Networks Can Make Us Smarter*, Penguin, 2015.

Physics 是 200 年前法国社会学家孔德[①]（Auguste Comte，1798 年 1 月—1857 年 9 月）提出的一个概念。孔德的社会物理学是仿照牛顿力学来的。我认为彭特兰的伟大之处，就在于改变了社会测量的基本路径。传统社会学是采用统计分析的方法，获得社会学研究需要的量化数据。彭特兰的方法是基于网络连接的实时测量，是真正使用大数据的方法。彭特兰方法的意义在于，他充分考虑了网络连接与个体位势之间的相互作用，聚焦在连接之下的思想流动、情感流动——这是认知塑造和行为塑造的根本。

这里想略微谈谈公共空间。互联网对认知的重塑，会在公共空间重构上体现出来。公共空间的重新觉醒，应该是互联网赋予的非常重要的使命，这就是为了回应哈贝马斯[②]（Jürgen Habermas，1929 年 6 月— ）所讲的资本主义公共空间的衰落。哈贝马斯认为，资本主义公共空间经历了从兴盛到衰落的过程，其根本原因就是公共知识分子丧失了批判精神，以媒介为形态的公共空间，不是沦为政党政治的代言人，就是沦为商业利益团体的帮凶。

互联网公共空间的复活，依然通过自媒体形态初现端倪。新公共空间是基于对话的、基于连接的，也是基于情感互动、思想互动的。交互这一根本特征，让公共空间重新拥有了活力。当然，需要清醒的是，工业时代公共空间（或者伪公共空间）依

---

① 孔德，法国实证主义哲学家。1838 年提出社会学的名称，在主编的《实证哲学讲义》中作了社会学系统化的尝试，因而被认为是社会学的创始人。资料来源：罗肇鸿、王怀宁主编：《资本主义大辞典》，人民出版社 1995 年版，第 914 页。

② 哈贝马斯，德国哲学家、社会学家，法兰克福学派第二代的代表人物。1929 年生于德国杜塞尔多夫。哈贝马斯 70 年代以前的理论活动是在法兰克福学派的框架内进行的。资料来源：乐黛云、叶朗、倪培耕主编：《世界诗学大辞典》，春风文艺出版社 1993 年版，第 190 页。

旧充斥着虚假繁荣和攫取话语权的种种争夺；更需要清醒的是，新的公共空间的萌发和复兴，并非是对传统公共空间的拒绝和唾弃。公共空间的包容性，要从超越两分法、延宕价值判断、凸显个性化的过程中获得启示。互联网当然有机会展开公共空间的复兴之旅，无论如何，它是基于对话的，基于流动性的新的公共空间。目前来说，它“长”什么样子，现在还不清楚。

最后我讲两个词，一个是“沉浸（immersion）”，另一个是“涌现（emergence）”，我相信，随着这种日益卷入、沉浸到虚实之间的互联网世界，逐渐显现其无穷魅力，我们可以积极地期待一个新的文明的到来。事实上，我们已经身在其中。

具身性：智能哲学的身体转向

互联网带来的认知重启，最终要在哲学层面表现出来。最近几年人工智能再度流行，正好可以作为这一主题的典型事例。

2016 年谷歌公司的围棋智能程序 AlphaGO，打败韩国顶尖棋手李世石，可以说给全球做了一次人工智能科普，掀起了一股人工智能旋风。随即接二连三的顶尖高手败在算法脚下，甚至 AlphaZero 已经具备自我进化的能力，再次让人工智能成为现实世界中热议的话题。它所引发的震撼，可以与 1997 年卡斯帕罗夫与深蓝交锋的“人机大战”相媲美。

从技术发展史角度看，这一波人工智能复兴，可以看作 1956 年出现 AI（人工智能）这个术语之后，历经推理演算与机器定理证明、专家系统与知识工程之后的第三波高潮。这一高潮，技术界公认可从2006年杰弗里·辛顿发表关于“深度学习”的开创性论文开始。

然而，从技术思想的演变脉络看，人工智能的第三波复兴，与前两波高潮有什么不同？以及进一步追问，西方人工智能思想的源泉到底是什么？这对于理解人工智能的根本问题以及未来趋势，有十分重要的意义。

人工智能现在变成了一个老少咸宜的话题。这一现象也正说明计算机与互联网所带来的数字世界，业已“植入”到日常生活何等的深度。大家关注人工智能，并非仅仅从好奇、赞叹、仰慕的角度说，更多的是感受到人工智能日盛一日、咄咄逼人的“气势”。过去一段时间，我所参加过的所有涉及人工智能的研讨会或者论坛，最后都会聚焦到一个问题上：悲观还是乐观。这似乎是一个天花板，我对这件事情非常好奇，为什么谈到这份儿上之后谈不下去了？我这里总结两点：

第一，今天的人工智能给人们带来了一种侵入感。10年前美国杜克大学神经生理学教授尼科莱利斯（Miguel Nicolelis，1961年3月—　），就实现了通过大脑电极捕捉脑神经元信号，开发所谓的“脑机接口”，实现“意念传递”和意念控制。美国华盛顿大学的实验披露，两个处于不同实验室，彼此隔离的实验者，通过“电子头套”实现“脑波互传”。据媒体披露，荷兰有4000人通过将芯片植入皮下，成为“电子赛博格”。还有报道称，制药公司开发出包含“智能技术”的智能药丸，可降解纳米颗粒，可以从体内向外发送体内生化反应的相关数据。

今天的人工智能，已经远不是此前人们通过大众媒介和日常生活了解到的机械、电子、自动装置，今天的机器人具有深度“嵌入”“植入”人体的种种可能。这一点在引发人们无限遐想的同时，也触动人们敏感的神经。人们所忧虑的，是飞速变化的技术背后无孔不入的隐私泄露、数据裸奔和精神压迫，以及无处可逃的被奴役、剥夺的感觉。

第二，十年前流行的量化自我运动，通过可穿戴计算装置、谷歌眼镜等发明，从技术上实现了24小时人体生理数据的实时采集。加之1993年互联网面向社会公众开放之后，沉淀在网络上难以计数的人所遗留下来的网络足迹、浏览记录、交易记录、位置信息、账单信息，以及丰富的音视频信息等，通过大数据算法和人工智能学习算法、仿真与模拟技术，构建对应实体世界的数字化身，成为新的可能。

我们生活在互联网上的点点滴滴，已经数字化为包裹我们的这个数字星球的一部分，成为我们的幻影、化身，乃至于生命网络的一部分。我们所担心的，是这些纠缠、融入、裹挟我们自身数据碎片的成分，再次通过算法推演、大数据挖掘反哺成我们的生存物料的时候，我们是否知情，能否知情，以及是否有选择、取舍、拒绝、遗忘等权力？

所有只能在“悲观”“乐观”中选择一个立场的普通人，实际上已经在这一波人工智能崛起的浪潮中，不幸沦为“后手”。对他们而言，已经丧失了在事情未发生之前，就参与到议程设置中的可能性。他们只是看客，只是受众，只是消费者，只是小白鼠。他们只能选择自己的立场和风险偏好，将对人工智能的总体看法，归结为“乐观主义”或者“悲观主义”。

因此，今天讨论人工智能的思想来源，就必须增加一个新的纬度：不能只梳理和看待人工智能研究者们的心路历程，也必须将出现这种研究冲动，纳入更大的历史文化视野。任何研究者都不是孤立的存在。研究者的研究成果，也不仅仅属于研究者本人。这个世界没有旁观者，所有的人都是参与者。只是在信息时代之前，参与者并不知晓自己的参与方式罢了。

换句话说，按照今天人工智能的发展特征和整体样貌，再区分研究者、使用者，生产者、消费者的二元结构是徒劳的。作为理解这一波硬科技、黑科技狂潮下的互联网思想，如果不深究人工智能背后的“图谋”，我觉得很容易被这股狂潮吹得晕头转向。

人工智能贯穿什么图谋？要知道，人工智能、机器人并非东方文化的传统，人工智能是西方的传统，西方的语境。庄子（约前369—前286）曾批评说，使用机械容易“产生机心”，从而对机器有拒斥的味道。麦考达克（Pamela McCorduck，1940年—　）曾写了一本书叫《机器思维》，她说这是遍布于西方知识分子的观点，是一个亟须被实现的梦想，这是一种荣格（Carl Gustav Jung，1875年7月—1961年6月）意义上的“原型思想”。古希腊的皮格马利翁效应说的就是这个意思。皮格马利翁是塞浦路斯的国王，不近女色，但他又是一个雕刻家。他雕刻了一个女人，然后爱上了这个女人，他向神乞求让她成为自己的妻子。爱神被他打动，就给这个雕像以灵魂，最后让雕像和国王结成夫妻。这种情结，展现了赋予无生命的东西以生命的思想。文艺复兴以后，理性精神高扬，很多思想家探究万物背后的“至理”，比如说斯宾诺莎[①]（Baruch de Spinoza，1632 年 11 月—1677 年 2 月）的伦理学，就是仿照欧几里得几何写的。这些思想家内心深处有一个原型，就是认定存在少数几个不言而喻的公理，整个世界可以通过逻各斯方法演绎出来。只要找到这样一种思想体系，就能从根本上把握整个世界的运转。比如法国数学家拉普拉斯（Pierre-Simon marquis de Laplace，1749 年 3 月—1827 年 3 月），就曾说过这样的话：给我初始条件，我将（通过微分方程）推演出整个世界。

麦卡锡（John McCarthy，1927 年 9 月—2011 年 10 月）、纽厄尔（Allen Newell，1927 年 3 月—1992 年 7 月）、西蒙（Herbert Alexander Simon，1916 年 6 月—2001 年 2 月），是人工智能的先驱，这一行列还包括控制论的创始人维纳（Norbert Wiener，1894 年 11 月—1964 年 3 月），信息论的创始人香农（Claude Elwood Shannon，1916 年 4 月—2001 年 2 月），还包括神经科学家沃尔特·皮茨（Walter Pitts，1923 年 4 月—1969 年5月）和沃伦·麦卡洛克（Warren McCulloch，1898年11月—1969 年 9 月）。1956 年肇始的人工智能，就建构在这样的信念之上：相信可以将人的智能、人的思维，还原成符号演算过程，还

① 斯宾诺莎，17 世纪荷兰的著名唯物主义哲学家。斯宾诺莎之所以是笛卡尔所创导的大陆理性派的主要代表之一，显著的表现就在于他在方法论上竭力主张用“几何学的方法”即理性的演绎法，在认识论上片面地强调理性认识而贬低感性认识。资料来源：朱庭光主编，秦晓鹰、孙耀文本册主编：《外国历史名人传 · 现代部分》（上册），中国社会科学出版社、重庆出版社 1984 年版，第 105—111 页。

原成机器语言，并通过机械、电子元器件，制造出可以与人的大脑相媲美的智能机器。

2016 年是人工智能这一学科创立 60 周年。60 年间，人工智能有过两次高潮，又两度低落。这两波人工智能，无论是电脑下棋，还是专家系统、神经网络计算，都基于“造出与人脑相媲美的机器”的假设上。但最终都无疾而终。为什么会这样？这一波人工智能有何不同？通过 AlphaGo 我们知道，这一波与此前的人工智能，最大的不同，就在于这一波基于深度学习，基于知识网络，而此前的人工智能，基于机械的还原论。

但是这一波人工智能会不会受挫？借用强人工智能和弱人工智能的分类方法，强人工智能说的是 AI 可以像人一样思考，像人一样行动。这个已经受到严重挑战，所以会有很多学者研究群体智慧、深度学习，比如说 MIT 的彭特兰教授。弱人工智能说的是，模仿人的智能展开理性思考、推理，以及理性行动的系统。弱人工智能也许有可能成功，只不过把机器人当成工具，认为人最终还是需要掌握世界的。

为什么第三波人工智能依然面临挑战，原因在于迄今为止人工智能的理论基础丝毫没有变化，依然是 CTM（Computational Theory of Mind）[①]。基于 CTM 的分析模型，依然是基于还原论，基于符号表征和数值计算的。当然，这并不是说这一波人工智能不会有什么令人惊讶的成果，而是说它终究走不远，终究需要在

① 机器会思考吗？心智本身可以是一个思考机器吗？计算机领域的大跨步使得人们预测心智本身就是一个类计算系统，我们称之为 CTM，这个概念在 19 世纪六七十年代认知科学领域起着很重要的作用。资料来源：The Computational Theory of Mind, https：//plato.stanford.edu/entries/computational-mind/，2015-10-16。

数学理论上有重大的突破。

简单说，我们今天使用的数学是基于分析数学，是基于牛顿、莱布尼茨的数学分析传统。基于 0、1 计算的数学，在表达更多的内容（比如包容悖论）方面，我感到依然力不从心。我想斗胆说一句话，数学在 1931 年哥德尔（Kurt Friedrich Gödel，1906 年 4 月—1978 年 1 月）发表“不完备定理”[①]（Incompleteness Theorem）以后没有任何重大进展，我们的数学思想已经被固化，100 年来，数学界依然在伟大的希尔伯特（David Hilbert，1862 年 1 月—1943 年 2 月）划定的 23 个伟大问题的圈子里修修补补。今天的 AI 依然建构在分析数学、数理逻辑的基础上，它还是一个逻辑演算体系。

西方数学有两大分支，第一大分支是几何学，第二大分支是代数学，古希腊早期的数学是几何学传统。但是很多人不知道毕达哥拉斯[②]传统其实与几何学的关系更近一些，甚至与密教[③]有关。

几何学是关于测量的，代数学是关于计算的，代数学是阿拉伯传统，源于贸易。西方的数学我认为思想渊源就是这些。但东

① 不完备定理，它说的是：如果自然数形式的算术系统，或任何一个足够充足的，也就是包含基本算术运算（加法与乘法）的形式数学系统，是无矛盾的（即协调的），那么，这个系统是不完备的。即算术或者包含算术的系统的无矛盾性，都不能用在同一系统内部所建立的逻辑工具来证明。资料来源：沈以淡主编：《简明数学词典》，北京理工大学出版社 2003 年版，第 30—31 页。

② 古希腊哲学家，南意大利学派的创始人。毕达哥拉斯主张“数”是万物的始基，万物都由数产生。“数”先于自然中的一切其他事物，是它们的范型。资料来源：孙鼎国、王杰主编：《西方思想 3000 年》（上），九洲图书出版社 1998 年版，第 76—77 页。

③ 佛教术语。佛教派别之一。与“显教”相对。也称“密宗”“真言乘”“金刚乘”等，是大乘佛教后期同婆罗门教某些教义相调和的产物。主要宣扬身、口、意“三密相应”和“即身成佛”。资料来源：彭克宏主编：《社会科学大词典》，中国国际广播出版社 1989 年版，第 266 页。

方的数学，典型如周易，数、象、意，它的表达空间不是单一维度的，数为形而下的表征工具；象为隐喻；意则为内嵌的启示。这三个词属于不同的层级。但在东方文化中，将不同层级的信息联系起来，观察它彼此依存、此消彼长的生发变化，这就是一种完全不同于西方数学传统的数学知识。只不过，今天用西方数学的符号体系，尚不能表达这种意蕴。退一步说，勉强使用西方数学符号表达的东方思想，总是会降低其意境空间，会导致思想的降维。

事实上，西方系统科学也已发现，复杂系统的层级理论是目前最为复杂的理论。目前学科专门化后，从上层解构到下层解构的拆解，西方学术做得很好了；但从下层解构向上层解构的“生发”“涌现”，依然缺乏强有力的表达路径。

虽然，东方话语的“金木水火土相生相克”尚不能与西方话语的“还原、符号、计算”话语良好转换，但至少问题提出来了，这就是数学思想期待东西方文化深入的共同对话。

数学在东方语境下已经变成隐喻，也就是“积极的能指”。但如何跨越符号的鸿沟，获得与“所指”之间的联系和解释，是东西方文明需要联手面对的一个大问题。

近几年西方数学界也在反思这一问题，希尔伯特的代数优先传统，是否会被几何传统重新超越，这是遗留给21世纪数学家的一个重大问题。[①] 我认为，年轻的伟大数学家阿贝尔（Niels Henrik Abel，1802年8月—1829年4月）和伽罗华（Évariste

① ［英］Michael Atiyah：《20世纪的数学》，《数学译林》，白承铭译，2002（2）。

Galois，1811年10月—1832年5月）的群论[①]，以及后来的范畴论[②]，应当是一个非常有前景的领域。因为群论、范畴论突破了数学的“计算功能”，聚焦在“数学概念的生成”。这是一个好的想法。今天的数学没有办法表达中国传统文化中的“相生相克”，我总觉得是个重大缺憾。今天AI的心智计算理论，依然是基于柏拉图、亚里士多德、牛顿的思想体系，他们只是想把认知转化成计算。这是一个重大问题。

上海大学数学系史定华教授曾谈到，真正的“大数据”是有生命的，是“活”的。史定华教授研究“血谱”十余年，他认为流淌在血液中的基因，是典型的流动的大数据[③]。就大数据的话题，近5年内他与我有很多次交流，我们在这点上是非常一致的，我们认为data是有生命的，data就是生命本身，data不是基于测量的，那是data的“尸体”，是“死”的。真正的大数据是活的，是有生命的。数据一测量就死，这点数据科学家从来不去谈，当然也许他就不懂，他没有看到这点也不奇怪。认知科学如果只是基于CTM，这一定没戏。

我的问题就是，如果我们要深刻地理解什么是人的智能，首先要理解什么是人。哲学上有概念是主体、本体，我认为互联

① 代数学的一个分支，系统研究群的性质和应用的学科。群的概念最初以运算和变换等概念为基础，到19世纪才正式出现。伽罗瓦提出了置换群的概念，从而解决了高次代数方程用根式解的可能性的判断问题，此后群论获得了巨大发展，成为近世代数学最先发展的一个部分。资料来源：中国百科大辞典编委会编；袁世全、冯涛主编：《中国百科大辞典》，华夏出版社1990年版，第837页。

② 代数学的一个重要分支。数学的各个领域都有各自的研究对象。例如，群论研究群与群同态。在20世纪中期，数学家们认为有必要将各个领域中的研究对象各自合在一起成为一个整体，使之成为一种数学系统，这就是范畴思想。资料来源：《数学辞海》编辑委员会编：《数学辞海》（第二卷），中国科学技术出版社2002年版。

③ 史定华：《重构家族血缘树》，《现代物理知识》，2015（3）：4-10。

网、人工智能研究者要学习海德格尔[①]（Martin Heidegger，1889年9月—1976年5月），学习现象学，学习符号学。因为人不只是孤立的“存在”，也是“在世存在”。人与外界的关联须臾不可分。人已不再是可以抽离出其“肉身”的抽象的本体。具身性智能（Embodiment Intelligent）[②]就是一个非常好的视角。

具身性，这是过去20年来在西方学界叫得越来越响的一个词汇。我们知道，机器人技术、人工智能、虚拟现实正在掀起一股强大的科技旋风。但这次人工智能与60年前大有不同。根本的区别就在于对“智能”的假设发生了本质的变化。

人工智能[③]是1956年在美国达特茅斯学院召开的一次学术会议上提出来的。当年人工智能的领袖人物如麦卡锡、纽厄尔、西蒙、明斯基等十几个人都参加了这次会议。当年的人工智能是一个雄心勃勃的计划，即未来十年人类能造出一个超越人的智能的机器。这一波人工智能热潮，很快就沉寂下去了。为什么？这个可以参看西蒙的《人工科学》[④]一书。人工智能50年代兴起又很快地衰落，根本的原因在于他们的“梦想”错了，他们的“梦

① 海德格尔，德国著名哲学家，存在主义最著名的代表之一。海德格尔哲学本体论的基本问题是“存在”（Sein）的问题，而“存在”是不能用理性作出解说的。人的自我的思维的存在是真正的存在，是万物存在的基础和前提，自我总是作为“在世之在”而存在于世界的，世界的万物都是自我的存在的结果，这种基于“自我”之上的存在主义本体论，是一种“有根”的本体论。资料来源：程志民、江怡主编：《当代西方哲学新词典》，吉林人民出版社2004年版，第82页。

② 叶浩生：《具身认知：认知心理学的新取向》，《心理科学进展》，2010，18（05）：705-710。

③ 人工智能的内容十分广泛，涉及信息论、控制论、计算机科学、自动化、仿生学、生物学、心理学、数理逻辑和哲学等许多学科。具体说，它主要研究感觉和思维模型的建立，用机器进行图像和物体识别、知识表达、启发探索、问题求解、博弈、定理证明、机器视觉、自然语言理解、机器人、专家系统等。资料来源：石磊、崔晓天、王忠编著：《哲学新概念词典》，黑龙江人民出版社1988年版，第1—2页。

④ ［美］司马贺：《人工科学：复杂性面面观》，武夷山译，上海科技教育出版社2004年版。

想”是什么？是试图确定地构建出人类智能的基本原理，并在此基础上运用电子技术、工程技术将这种智能复现出来。

产生这种战略误判的根源是什么？是传统知识框架下人对自然、对人类自身，对这个世界的基本假设，在于人固有的认知结构。这个认知结构的关键点，就是“还原论”。发端于法国思想家笛卡尔[①]（René Descartes，1596 年 3 月—1650 年 2 月）的还原论方法，认为存在一个客观如实的物理世界，人可以最终透彻了解这个世界的运行规律和内在构造，并运用人类智慧将这种内在规律和构造表达出来、呈现出来。

在这种情况下，人的身体和人的智能是剥离的关系，人们只要掌握类似牛顿定律一样的方程式，就可以把智能完整地表达出来，这是一个致命的缺陷。认知科学的主张与此不同。具身性智能，致力于“交互”这个核心概念，认为智能产生于、涌现于行为体与外部环境的交互，通过持续不断的交互，行为体对外部世界的认知逐步建立起来，进而与外部环境一道共同演化。

由此可见，具身性，强调的是交互、感知及当下性、流动性。迄今为止的西方科学语言，尚不能令人信服地表征这一哲学。但在我看来，哲学的第三次转向：身体转向，已经扎扎实实地浮现出来了。

前些年我总是在说，我们要警惕、反思工业思维带来的毒害，我们要排除笛卡尔主义的毒害。怎么排？我一直以来思考的

① 笛卡尔，17 世纪法国哲学家，二元论者，近代唯理论哲学的创始人，唯心主义的唯理论的主要代表之一。主要著作有《方法谈》《形而上学的沉思》《哲学原理》等。资料来源：孙鼎国主编：《西方文化百科》，吉林人民出版社 1991 年版，第 44—45 页。

一个方向，恐怕可以用认知科学、认知神经科学对人的思维范式的重塑这个方向取得突破。

深思互联网的三个维度

从 2015 年开始，我在给学生讲课，或者给企业家作讲座的时候，基本都使用一个主题词，叫“深思互联网：认知重启”。当然这个题目太大，深思互联网，而且要在认知重启的角度深思，怎么深思？我想归纳成三个要点：第一点，建立大历史观，或者说“重塑史观”。第二点，深思确定性、复杂性，充分理解什么是确定性，什么是不确定性，进而“拥抱不确定性”。第三点，基于前面两点的判断，我认为我们终将会生活在一个悖谬丛生的世界。

先谈谈史观。年鉴学派倡导大历史观以来，出现了很多大视角的历史著作和历史学家，包括大家熟悉的英国历史学家汤因比（Arnold Joseph Toynbee，1889 年 4 月—1975 年 10 月），中国著名历史学家黄仁宇[①]（Ray Huang，1918 年 6 月—2000 年 1 月）等。黄仁宇在 20 世纪 60 年代写过一本书叫《万历十五年》，英文原题就是“1587 年：无足轻重的一年”，这一年是个普普通通的年份，风调雨顺，“无大事可叙”，但这一年其实是大明王朝的

① 黄仁宇，美籍华裔学者，著名历史学家，湖南长沙人。抗日战争爆发后，先在长沙《抗日战报》工作，后来进入国民党成都中央军校，1950 年退伍。其后赴美攻读历史。参与《明代名人传》及《剑桥中国史》的集体研究工作。其代表作《万历十五年》被《新周刊》和《书城》评为“改革开放 20 年来对中国影响最大的 20 本书”之一，他的著作和历史观刷新了中国人历史阅读的精神面貌。资料来源：王晓梅、张晶主编：《不可不知的 2000 个中外名人》，中央翻译出版社 2009 年版，第 219 页。

重要拐点。

引用黄仁宇的口气，其实我们已经悄然迎来了一个重要的认知拐点，在中国，这个年份大约是 2012 年。为什么我要说 2012 年？就是因为在 2012 年之前，互联网在中国的状态是这样的：一帮先知先觉的人，声嘶力竭、口沫横飞地向另一拨人宣布新世界的到来。2012 年前后，情况发生了根本性的变化。微信、O2O、乐视、余额宝、比特币，好像一下涌到了普罗大众的面前，很多人开窍了、觉醒了，特别是 OTT（Over The Top），很多人的命运从此改变，很多行业的存在变成了一个问题，很多职业消失了，也有很多传统领域，主动积极拥抱互联网。套用马克思（Karl Marx，1818 年 5 月—1883 年 3 月）《共产党宣言》里面的一句话，“一切坚固的东西都烟消云散了”。

2012 年之后，我们都面临重要的“范式转移”，尽管很多人依然把它视为“入口之争”，但是我骨子里认为这是一个范式转移。就算你用互联网武装到牙齿，微博、微信、客户端一个都不少，如果你不能实现范式转移，你就依然生活在旧时代、旧世界。什么叫范式转移，托马斯·库恩（Thomas Samuel Kuhn，1922 年 7 月—1996 年 6 月）在 1962 年出版的《科学革命的结构》这本书里面，对范式转移给出了透彻的分析，范式转移就是重新思考你的基础假设，或者叫立足之本。

大约 2000 年前，马镫发明了，骑兵取代了重装步兵，成了战场的主力，之后改变了战斗的激烈程度和惨烈程度，但是并没有改变战争的本质。马镫的发明不是范式转移，只是入口之争。但马的驯化属于范式转移，因为它改变了一个物种和另一个物种之间的关系。同样，印刷术的出现，不是范式转移，它只是让文本传播得更远，传播得更快，而文字的出现才是范式转移，因为它改变了表达方式，人与人之间的关联方式。计算机出现也不是范式转移，互联网出现才是范式转移。在今天，“互联网改变了什么”是一个不需要讲的问题，我的问题是，“互联网到底改变了什么”，我的回答是：认知与行为。我认为互联网改变的就是这两件事情。

我们过去的教育体系，偏向系统的理性教育，用哲学的术语说，就是“认识论（epistemology)”。Epistemology这个词语，从词源上讲，有三个组成部分：epi-，意思是“在……下面”，stem，意思是“根部、基础”，-ology是“逻各斯”的意思，古希腊学科中寓意某种“学问”“学科”。认识论强调的是通过测量、计量方法，运用理性、逻辑思维，建立起解释自然运行的规律体系，它强调的是“因果关系”。认知（cognition）与认识（understanding）最大的不同，就在于认知强调“相互作用”，强调“关联”，强调“因缘”。换句话说，就是认知偏重“感性”。自从1978年美国斯隆基金会发表“认知科学”报告以来，多学科交叉打破传统的学科边界，从神经科学、脑科学、心理学的角度研究过去属于自然科学范畴的现象和存在，弥合“硬逻辑”在错综复杂的现象层面的“失效”。“认知科学”这一个词汇，我觉得非常好地概括了“感性”与“理性”亟待融合的迫切需求，也凸显了我们今天面临何等的剧变。

然而，就在我们刚刚明白过来，开始拥抱互联网的时候，认知重启的步伐，再一次加速，这次是在脑科学领域，发达国家已经将下一波战略制高点，锁定在了人的大脑。

大家知道，2013 年年初，奥巴马政府宣布了一个为期 10 年的大脑计划，欧盟也宣布了未来 10 年的大脑计划。这并非第一次宣布一个为期 10 年的关注脑科学、神经科学的计划了。20 世纪 90 年代，美国、欧盟、日本等都宣布过脑科学作为战略重点的发展计划，但与今天的这个脑计划相比，我认为有一个重要的区别。这个区别就是，20 年前的大脑计划，基本上还秉持还原论、两分法、确定性的工业时代科学观，今天的大脑计划则完全转换到另一个思路上来了。这个思路强调神经元集群，强调大脑、身体和环境之间的连接与关联，这个思路把人与机器放在同一个语境下看待，机器也是有机体的组成部分。

这种变化的苗头，可以从 2002 年美国政府商务部和美国自然科学基金会联合发布的一份报告中看出端倪。这份报告汇聚了全球 68 位顶级科学家的智慧，篇幅有 482 页之多。报告的题目叫作：“聚合科技改变人类未来：纳米科技、生物科技、信息技术与认知科学（Converging Technologies for Improving Human Performance：Nanotechnology，Biotechnology，Information Technology and Cognitive Science）。”这个报告第 102 页上，有这样一句话非常让人震撼，它说 NBIC 这四种科技的聚合，将会改变未来人类的“物种”[①]。

“改变人类未来的物种”，这是一个极其大胆的预测。过去的

① Converging Technologies for Improving Human Performance：Nanotechnology，Biotechnology，Information Technology and Cognitive Science，NSF/DOC-sponsored report，Edited by Mihail C. Roco and William Sims Bainbridge，National Science Foundation，June 2002.

30 年里，我们经历了天翻地覆的变化。从微电子技术革命到互联网爆发，从移动互联网到物联网，从石墨烯到能源革命，从基因工程到表观遗传学，从电子商务、移动支付到数字货币，表面上看，世界任何一个角落似乎都承受着这一波科技革命的冲击，任何一个行业都承受着产业巨变的洗礼。但实质上，我们也不得不承认，这一波技术革命、产业聚合的源头发生在西方，发生在美国。

人们总是忍不住想问这样一个极其简单的问题：为什么文艺复兴以来 500 年里，西方世界逐渐拥有了对这个世界的解释权、话语权；这 500 年里究竟发生了哪些思想层面的冲突与巨变？

“改变人类的物种”也是一件大事情，需要我们认真地思考。在那份《聚合科技改变人类未来》的报告中，第 243 页还有这样一句话：聚合科技将使美国继续享有对世界的领导权。这是一句值得认真对待的话，也是一句需要引发更多思考的话。但是，我们需要意识到的是，思考的问题和思考的方式，都发生了巨大的变化。过去我们自己，我们的知识体系、原则假设、理论方法是思考的“武器”，我们人是认识的主体。环顾四周，一切都只不过是我们认知的对象。今天我们依然在用主客两分的方法，用还原论、分离原则来认识这个世界，这一定是远远不够的。

不够在哪里？美国人已经在物种层面，重新定义一切了。所以你会从好莱坞过去 40 年的科幻大片中，看到层出不穷的未来想象：从《星球大战》到《黑客帝国》，从《阿凡达》到《西部世界》，从《盗梦空间》到《超能陆战队》。这些科幻大片都有一个重要的线索，就是人和机器的共融。这不只是说科幻作家们天马行空的想象，而是折射出西方传承数千年的古希腊传统一而再地复活。

我们知道西方文明有两大传统，古希腊和希伯来传统。前者以抽象理性精神立足，后者则孕育了基督教文化。这两大传统对整个世界的想象，就是一种追求肉体净化、精神升华的过程。在这个过程中，人与自然割裂的状态，人被驱逐出伊甸园的状态，终将通过自我救赎和上帝的恩典得到拯救。这种潜藏在意识深层的世界观，是西方文化发展源源不断的驱动力，也是他们证明自己是上帝的选民的努力之道。

因此说，西方一代又一代的思想者、艺术家和科学家们，都有一个共同的梦想，就是洞悉世界的真理，进而将这个世俗世界改造为人间天堂。马克思曾说过：过去的哲学致力于解释世界，从今往后，哲学的使命已然是改造世界。但是，西方文化的内生逻辑，在过去 100 年里，遭遇了巨大挑战，主要表现在对确定性的极度偏好，对还原论方法和简化论方法的极度偏好，对两分法的世界观的极度偏好。这些倾向在过去 30 年里，伴随互联网的发展正在悄然改变，无论西方世界还是东方世界，都面临着一场深刻的认知挑战，需要在融合东西方文化、东西方智慧的基础上，重新理解这个世界，重新定义一切。

2008 年世界金融危机爆发以来，“复杂多变的世界”就成为描绘世界格局千变万化的标准用语。什么是复杂多变？到底复杂在哪里？

在我们这门课里，也许很难回答上述问题中的任何一个，但我想与大家做这样一个尝试：试图从思想上，梳理我们大脑深处对这个世界所作出的基本假设，梳理不同文化源流之下，对文明的认识、观感、态度；尝试用更大的尺度思考文明巨变之下，我们对未来的想象空间、演进方向究竟在哪里。

当然，这无疑是一个野心勃勃的尝试。但是，我坚信必须这样做的理由也很简单：假如我们丧失了对过去的记忆，丧失了对当下的思考力，也丧失了对未来的想象力的话，我们就注定会失去未来。

第二点，我们来看如何理解不确定性。

今天的世界已经变成了一个人和机器共融的世界，我们面临认知的深刻重启。认知重启意味着什么？意味着我们熟悉的假设和基本条件，旁边要打一个问号，意味着古希腊传统 Logos 主义要打一个问号，意味着我们今天的儒释道旁边要打一个问号，要重新阅读、重新理解。重新理解什么？我自己现在的心得体会，是要聚焦不确定性，要拥抱不确定性；用穆尔（Jos de Mul）教授的话说，是重新理解必然性和可能性的关系问题。我们怎么思考必然性和可能性，怎么思考命运的问题，就是我们的认知结构如何从传统路径中解放出来的过程。

在中国人脑海里，命运是两件事情，第一叫天注定，所以谋事在人，成事在天；第二是抗命，是挣脱命运的束缚，赢得大自在。这是两种非常朴素的观点，但是我个人觉得这两种朴素的观点，很不幸落入到了无形的牢笼之中，这个牢笼是什么？是我们对确定性的偏好。

所以我有一个问题，一直没有解决，为什么人如此的偏爱确定性？这个问题我提出来，但还没有得到很好的回答，但我觉得此事与复杂性思想有关。20 世纪末霍金[①]（Stephen William Hawking，1942 年 1 月—2018 年 3 月）说，21 世纪将是复杂性的世纪，我非常认同。我认为今天的大学课堂上，应该尽快把复杂性科学、复杂性思想变成通识课程，这个很重要。

复杂性是什么？我把它总结成三个字：第一个字是“繁”，头绪繁多，变量繁多。第二个字是“难”，这个跟计算机的 NP 理论，可解性、可计算性有关。它说的是某个问题可以写出算法，但实际上算不出来。第三件事情是哲学意义上的，借用海德格尔的一个词叫“烦”，一个人被抛掷到这个社会上，抛掷到这个世界中，它跟这个世界水乳交融的状态被打破，所以心生郁闷，心神不宁的状态叫作烦。

到现在为止有三个主要的复杂性流派：一个是布鲁塞尔流派，第二个是圣塔菲流派，第三个是被大大忽视的法国哲学家埃德加·莫兰（Edgar Morin，1921 年 7 月—　）。莫兰的重要之处在于，他指出了思考复杂性问题需要用复杂性思想。什么是简单性思想？就是 Logos 的理念论，就是试图找到背后的那个牛顿定律，试图找到这个世界背后的牛顿定律，并且希望把这个世界的规律一网打尽，这就是确定性。他们相信这个世界背后一定可以用牛顿定律那样简明的公式写出来。

前面谈到人工智能的时候，我认为问题也出现在牛顿上。当然牛顿是一个重要的隐喻，牛顿代表着旧的思想范式，代表着确

① 霍金，英国理论物理学家和宇宙学家。主要学术成就包括“霍金辐射”与“无边界宇宙模型”。70 年代和彭罗斯（Roger Penrose）证明了著名的奇性定理，为此共同获得 1988 年沃尔夫物理学奖。资料来源：金炳华主编：《马克思主义哲学大辞典》，上海辞书出版社 2003 年版，第 519 页。

定性。牛顿创立了微积分[1]，使得我们今天的数据工具只能表达确定形成的问题。我个人认为概率论不算对确定性问题的突破，分形理论也不算，它们依然是确定性思路。

什么叫不确定性？简单说，我认为无法从任何前项得出有关后项的有效知识的状态，就是不确定性。想一想中国的周易，相生相克，有一句话叫“牵一发而动全身”，你就理解周易里面的“不确定性”只是说“尚未确定”，而不是说“不能确定”。但现代数学里面尚不存在可以表达相生相克的工具，以后会不会出现，我说不好。希望会出现，但可能并不是今天我们熟悉的数学样式。牛顿的微积分是各向同性的，它的变量是匀质的，今天写出来的公式跟一万年以后写出来的公式完全一样。这种假设是有问题的。所以在这种情况下，复杂性带给我们一个启示，基于两分法、基于确定论、基于还原论的过去的科学方法可能有问题，我不想说这些科学方法是错的，我的表述是“对，但是不够”。这就是我为什么会说，我们今天不幸都在使用很多染毒的词汇，这些词汇你摆脱不掉，只要你张嘴就会这样，所以我们要意识到，我们使用的词都应该带引号。

这种情况下我们需要思考的是，为什么过去 100 多年里，西方的数学、物理学、生物学、社会学、经济学和政治学，纷纷都走到了这样一种悖谬的境地，诸如政治学的孔多塞悖论，社会学的韦伯悖论，经济学的阿罗不可能定理，数学的哥德尔定理，

① 研究函数的导数、积分的性质和应用的学科。17 世纪，英国牛顿和德国莱布尼茨在前人经验的基础上，分别在研究力学和几何学的过程中，建立了导数、积分的概念和运算法则，阐明了求导数和求积分是互逆的两种运算，奠定了这门学科的基础。资料来源：金炳华主编：《马克思主义哲学大辞典》，上海辞书出版社 2003 年版，第 68 页。

以及物理学的海森堡测不准原理等。复杂性的布鲁塞尔流派创立者普里高津[①]（Ilya Romanovich Prigogine，1917 年 1 月—2003 年 5 月），有一本书叫《确定性的终结》，他在这本书的中国版序言里面讲，“西方科学和西方哲学一贯强调主体客体的两分，这跟注重天人合一的东方哲学相悖”，普里高津非常希望东西方哲学思想能够深度交融，彼此来聆听对方。

我的问题是，我们要重新理解确定性，重新拷问，为什么我们这么偏爱确定性？我们真的不能忍受不确定性吗？不确定性真的像收音机的噪音那样令人讨厌吗？高保真技术出来之后，很多电子工程师最牛的就是要降噪，人们普遍认为噪音是恶魔，要驱除干净，细菌也是恶魔，也要驱除干净。那些试图长生不老，试图一揽子解决问题的人要想这样一个问题，在有机体中，最想霸占器官、霸占物种的那个现象叫什么，叫“癌”。

第三点，我想说我们终将迎来一个悖论丛生的世界，我们必须学会坦然面对这个世界。

用埃舍尔（Maurits Cornelis Escher，1898 年 6 月—1972 年 3 月）的版画语言来说，他的版画给大家一个视觉的印象，每一个局部看上去都是那么的合理，但是整体是荒诞的，更重要的是埃舍尔把它画出来了。

我们是不是可以这样来反思，我们过去的思想有一个隐藏

---

① 普里高津，俄裔比利时物理、化学家，比利时皇家科学、文学和艺术科学院院士，著名的布鲁塞尔学派的创立者。他认为科学是内在多元的、多学科的、民主的，并不强迫人们按一个唯一的模式去理解现实及其存在和发展，科学从而也获得新的人道品质；促使“人—人”的新的对话，对话的目的在于保证整个社会生存下去的前提。他坚信，未来的新科学将是面向人同自然界的对话而不以人和自然界的对抗为目标的科学。资料来源：庞元正、丁冬红主编：《当代西方社会发展理论新词典》，吉林人民出版社 2001 年版，第 329—330 页。

很深的“确定性图谋”，这个图谋我把它总结成三个一，“一揽子”“一劳永逸”“一步到位”。用这个思路，再去看看柏拉图以来的西方思想家们，他们是如此的偏执，如此的执拗，他们想把这个世界所有的真理一网打尽，他们想亲自写出最后一本物理学著作，最后一本集大成的数学著作，最后一本表达终极洞见的哲学著作。他们不想给他们的后人留饭吃，他们让后边的思想家、数学家们通通失业。我不知道为什么，什么时候养成了这个习惯，为什么是这个德性？这种毛病？这种企图？这难道不是个问题吗？

所以穆尔教授在《命运的驯化》里充分比较了西方普罗米修斯传统、俄耳甫斯传统这两大传统之间彼此的征战。前面我提到的马丁·贝尔纳，在《黑色雅典娜》里面也比较了普罗米修斯的Logos传统和俄耳甫斯的Mythos传统，还有法国思想家皮埃尔·阿多（Pierre Hadot，1922年2月—2010年4月）的《伊西斯的面纱：自然的观念史》，也在论证为什么在西方2500年的发展中，Logos传统最终战胜了Mythos传统，为什么在文艺复兴之后的500年，工业资本主义快速崛起之后灵性就被杀死了。我自己觉得，我们是不是行走在浑然不觉的迷途之中，这个迷途的典范在西方是《几何原本》，在东方也许是《易经》。

如何看待这种局面？如何看待互联网之后带来的悖谬丛生的世界？这里，就要引到两位我喜欢的学者的著作，一位是德勒兹[①]（Gilles Louis René Deleuze，1925年1月—1995年11月），一位是加塔利（Pierre-Félix Guattari，1930年4月—1992年8月），这是法国的两位思想家。这两位思想家共同提出了这样一个问题：整个人类的知识体系需要重新思考，西方的知识体系是一个典型的树状结构，它有一个粗壮的坚硬的树干，然后是树枝树叶，知识体系就是这样展开的。

德勒兹/加塔利给出了一个新的名词叫“根茎结构”或者叫“块茎结构”，这种块茎结构打破了过去关于知识树状结构的基本假设。今天的知识是碎片化的，传承下来的历史知识依然是碎片化的，整个关于知识的考古、知识的历史需要重构，重构成什么？块茎结构，就是指网状结构（不要把网状结构理解成平面网络，它是立体的、层级的，当然立体、层级也只是一个隐喻）。

在这个网状结构之下，不存在普世性的、一览无余的、干净利落的“Yes or No”的真理的清单，不存在所谓的“真理的巅峰”。存在的可能只是此起彼伏的Paradox，存在的只是“一座又一座高台（《千高原：资本主义与精神分裂2》，德勒兹/加塔利著作），存在的是悖谬的一条条鲜活的生命。按照德勒兹的说法，人们将重回“游牧时代”，穿行、嬉戏在一座又一座“高原”之间。

所以关于“命”这件事情，真的要重新理解，命是什么？我

---

① 德勒兹，法国哲学家、后现代主义思想家。在哲学上，受到第二次世界大战后的存在主义、结构主义、后结构主义、弗洛伊德主义的影响，并采纳马克思主义的一些观点，形成自己的独特哲学。认为哲学的最积极作用在于批判，德国尼采是哲学批判任务的完成者，这表现于他批判了所谓的真正的哲学和真正的道德。资料来源：李鹏程主编：《当代西方文化研究新词典》，吉林人民出版社2003年版，第47页。

想讲这样一句话：命就是所有的物种要各司其职，各安其命，各居其位，最后各得其乐。

命并不是要让苍蝇憧憬着蚊子的幸福，大象幻想着狮子的梦想，人类向往着类人猿的怀古情怀。在这种情景下要重新思考人存在的意义和价值在哪里。怎么样思考？又导向哪里？确定性如果不存在，我们注定要面临一个雾霾丛生、悖谬丛生的世界的时候，人怎样去生活生存？怎样去共存共生？又怎样去欣然地向前走？脱离了“定数”，人们还如何思考这个世界？这也就是穆尔先生在《赛博空间的奥德赛》这本书讲的“精神分裂症的春天”。我和他聊过，他书里写的是问号，我的意见是将来一定会变成一个惊叹号。今天的孩子们，已经生活在虚拟实境构建的多重空间里，今天的孩子们已经不只是拥有多个账号，而是必须面对多重人格、八个化身的挑战。用我的话说，就是“人有八条命”，这八条命都会在你的肉身上维系在一起。所以，按照传统的确定性思想范式，Logos 就会把你送到精神病院去，如果你还相信世界是确定的，Logos 是小葱拌豆腐一样泾渭分明的，你就真的精神分裂了。

但是，多重人格、多条命、多种生活方式、多种命运的展开，对未来的孩子们来讲，真的是再正常不过了。但紧迫的是，关于未来的思想的操作系统，还是一片空白。所以请长辈们不要再责怪年轻人不懂事，年轻人不了解过去，不知道苦难的 60 年代，他们注定会面对比我们要更加“苦难深重”的赛博时代。为什么我要将赛博时代形容为“苦难深重”？原因只有一个，对新新人类而言，对赛博格而言，他们所面临的最大挑战是他们的

“母体”所赋予的思想底座，是他们所遭受到的“格式化的命运”与赛博空间之间的巨大撕裂。他们面对知识谱系破碎、解释力丧失、意义丧失的窘境，他们不得不重新定义整个世界，找回生命的意义。

关于互联网，我迄今想到的就是这样三句话：第一，互联网一定是一个千年大事；第二，我们要学会拥抱不确定性；第三，我们一定会生活在一个悖谬丛生的世界。即使这个世界今天还没有一首完整的乐曲，即使这个世界尚没有一个新的牛顿，但是你必须向前走，我们只能指望能够重新用我们自己的对话，跨语际、传播、流动来塑造内心的灵性。引用荷尔德林[①]（Johann Christian Friedrich Hölderlin，1770 年 3 月—1843 年 6 月）的诗，“虽然充满劳绩，但是人依然要诗意地栖居在大地上。”

① 荷尔德林，德国著名抒情诗人。青年时代受席勒影响，赞美法国大革命，写有诗作《自由颂歌》《人类颂歌》等，但真正代表其一生创作特点的是以希腊神话为题材的作品。他把古典希腊诗文的形式移植到德文中来，作品语言清新、自然、真纯、简洁，比喻形象、含蓄、引人深思。资料来源：蒋广学、朱剑主编：《世界文化词典》，湖南出版社 1990 年版，第 175 页。

Part 1 重铸思想的底座

架构互联网思想大门的任务任重而道远，在清楚认识互联网信息和学科思想演化史的前提下，我们必将重新思考如何解说这个世界，并把互联网的灵性重新归置到我们庞杂的知识体系和学科架构的底座中去。

02 从哲学的三次转向看复杂性思想的演变[①]

2014年10月16日，我在首届阿里巴巴复杂科学前沿论坛上，应主办方邀请，就“复杂性思想”做一个报告。两天的论坛，内容极为丰富，听下来觉得很爽，在同一个讲坛上，虚拟实境的畅想、数据可视化的艳丽，总让人心潮起伏、浮想联翩。

当时我总结了一副对联：“兴奋与焦虑同在；梦想与现实齐飞”，横批就是“纠结并凌乱”。我的发言从哲学的三次转向，谈复杂性思想的演变。

我回想起6年前看到的一本书，是荷兰鹿特丹Erasmus大学哲学教授穆尔写的《赛博空间的奥德赛》（英文书名：*Cyberspace Odyssey：Towards a Virtual Ontology and Anthropology*，2002年出版，2007年由广西师范大学出版中文版）。其中有一个小节的标题我很喜欢，叫作“精神分裂症的春天到了”。

① 本节内容选编自《未来已来：“互联网+”的重构与创新》（信息社会50人论坛编著，上海远东出版社2015年版，第三篇：从哲学的三次转向看复杂性思想的演变，第207—215页）。

这个标题有点耸人听闻，不过我觉得它恰恰点出了赛博空间带给人最为强烈的震撼。这本书的副标题是“通向虚拟本体论和人类学”。

中国传媒大学的沈浩教授在演讲中说，大数据带来的社会科学研究的春天到了。我非常赞同。大数据带来了多个交叉学科研究的春天，包括在我之前向大会做报告的中科院自动化所的王飞跃研究员，他用波普尔的“世界三”理论告诉我们，其实将来“虚实结合”才是出路。按照波普尔的理论，我们今天生活在一个实在的物理世界里面，我们还生活在逻辑符号、理念、信念和知识构筑的世界里面，但这都是传统的世界。我们正在打开一扇新的门，这扇门就是架构未来世界之门，架构未来思想之门。

我自己是一个哲学爱好者，这里和大家交流的这个议题（从哲学的三次转向看复杂思想的演变），其实是想跟大家报告我自己有哪些焦虑。用美国心灵哲学家丹尼尔·丹尼特（Daniel Dennett, 1942 年 3 月—　）的话说，过去的 100 年来，哲学世界的语言是极度贫困的。在我看来，西方哲学在胡塞尔[①]（Edmund Gustav Albrecht Husserl，1859 年 4 月—1938 年 4 月）之后很难说有大家了。当然会有哲学爱好者认为，在胡塞尔之后哲学曾经有一个似乎蓬勃兴旺的分支，叫科学哲学[②]，但是现在我认为是

① 胡塞尔，现代西方哲学的重要流派之一的现象学的创始人。他不满意传统哲学的“不严格性”，故在自己的现象学研究中，反复强调“基础”“严格性”“自明性”“还原”等，试图为西方传统唯心主义哲学奠定一个严格的坚实的基础。资料来源：邹贤敏主编：《西方现代艺术词典》，四川文艺出版社 1989 年版，第 27—28 页。

② 科学哲学，一门以科学作为研究对象的哲学分支。逻辑实证主义、批判理性主义、历史主义、新历史主义，加之科学实在论、科学唯物主义等科学哲学的各个学派都各有自己的特征及关注的侧重点，它们共同构成了 20 世纪的科学哲学。资料来源：程志民、江怡主编：《当代西方哲学新词典》，吉林人民出版社 2004 年版，第 133—134 页。

销声匿迹了。当然也有人说分析哲学带来了认识哲学新的契机，是不是还有待观察。

另外一个就是像卢奇亚诺·弗洛里迪（Luciano Florid，1964 年 11 月—　），他创立了一个叫信息哲学的学科，试图将信息科技对社会的影响放在哲学的高度来思考，他提出“信息有机体”“信息圈”“重新本体化”“超历史”等概念，试图用主体、本体这些传统哲学的术语，缔造一种新的哲学。但我认为信息哲学似乎也没有完全回答哲学的焦虑。

在我们这两天复杂科学的话语体系里面，还有很大一部分话语并没有包括进来，这些话语从不同的角度对信息社会、赛博空间、网络社会表达过自己的见解。比如鲍德里亚[①]的《消费社会》，丹尼尔·贝尔的《后工业社会来临》，詹明信的《晚期资本主义的文化逻辑》，波兹曼的《娱乐至死》，卡斯特的《信息社会三部曲》等。这些社会学家、哲学家、传播学者对这个世界发表的看法，总体上是充满忧虑的。比如鲍德里亚认为我们这个世界已经被厚厚的符号世界所包裹，我们已经很难突破符号的铠甲，这一点在我们开动脑筋思考问题的时候，必须有清醒的认识。

为什么一定要考虑哲学问题？这是我的一个忧虑。坦率说，我们今天的话语环境，已经严肃不起来了。哲学在古希腊传统

---

① 让·鲍德里亚，法国思想家，后现代理论的重要代表。20 世纪 70 年代，认为艺术变成纯粹的世界符号，尤其是消费符号的再生产，仿真（simulation）是其艺术形式，否认艺术的批判性和否定性作用，把艺术对现存社会的妥协共谋当作目前环境的必需。80 年代，从最新科技构成的当代环境出发，勾勒了由“符码”“类像”“仿真”所构成的全新经验领域以及全新历史阶段和社会类型。资料来源：朱立元主编：《美学大辞典》，上海辞书出版社 2010 年版。

中，就是“充满忧虑”的味道，他是“操心的人”。比如我们今天的焦虑，很多并非哲学层面的焦虑，很多只是俗世层面的贪欲驱使下的紧张。我们需要重新看待哲学。

哲学的三次转向

诺伯特·维纳在 60 多年前创立控制论的时候，就有一个洞察，他认为我们依然停留在牛顿世界，他说信息、物质、能量这三件事情，在他那个年代还远远没有思考清楚，信息远没有达到与能量和物质“等量齐观”的位置。我们今天的大数据，很大程度上都只是对能量和物质的表征或者测量，但你仅仅是抽取事物的属性值而获得的数据，这个就是信息的含义吗？对此我很怀疑。虽然有学者指出，信息是人的主观意愿介入客体世界之后的某种感知的衡量，但这种说法还不够细致。

大家知道，哲学在历史上有两次转向，是公认的。第一次是从古希腊的本体论哲学向文艺复兴时期的认识论哲学的转向。这个转向突出的特征，就是把追问世界的本源的问题，转换到人的能动性、认识的主体性上来。这是笛卡尔的贡献。笛卡尔确立了人的主体地位，并与客体形成思考哲学问题的两个基本范畴。哲学的这次转向的结果，是一批哲学家致力于构建思考这个世界的完备体系，比如康德、黑格尔。

哲学的第二次转向与德国哲学家胡塞尔有关，当然不是他一个人，也包括瑞士的语言学家索绪尔，这个学界描述为哲学的“现象学／语言学转向”。这个转向与其说是转向，不如说是“倒退”。哲学家发现，认识论主体其实很难完全把握人与自然、人与人、人与社会的关系，我们必须退回到现象本身。胡塞尔创造了“悬置”的概念，就是说把关于世界本源、认识主体的认识问题都“打包”放到“口袋”里面，然后扎起来挂在梁上，但把目光转而投向鲜活生命、生活本身，退回到丰富多彩的现象层。在这个层面理解这个世界，语言、言语自然就成为一个问题。

哲学的这两次，其实真的是一种“倒退”。我说“倒退”是带引号的，这是在古希腊追问世界本源的意义上说的。后来的两次哲学转向，是在这个基础上的倒退。但是，换个角度说，又是一种“进步”，因为哲学思想的历史，其实也是人性和神性搏杀的历史。文艺复兴、启蒙运动确立了理性精神，在这个意义上是进步。不过这个进步并未完结。

今天我们说，哲学将面临第三次转向。这在西方哲学界过去50年的探索中，曾出现过各式各样的苗头，比如说有人提出来哲学的身体转向（梅洛·庞蒂）、空间的转向（列伏斐尔），还有一些哲学转向包括信息转向、哲学的计算转向等。这些都是哲学第三次转向的探索。但是，21世纪哲学出现一个值得关注的分支，大约在七八年前，这个叫作“实验哲学”。这个似乎跟前面几种哲学转向，与复杂科学论坛的几位演讲专家讲到的内容有呼应之势。哲学竟然可以用实证的方法来审视，这个不要小看。原本哲学往往是一副思辨的面孔，看看罗丹《思想者》雕像你就可以想象到，传统哲学家是什么模样。

举一个例子。大约2007年，瑞士和瑞典的几位哲学家做了一些实验。比如给人戴上一个目视镜，就是虚拟现实实验常见的那种，你可以通过3D技术感知到数字场景。我们知道，物理状态下人的视力是看不到自己的后脑勺的。那么实验者在你的后背装一个摄像头，然后你戴上目视镜，就可以看到自己的后背、后脑勺了。

比如实验安排了三个场景：一个是你自己的后背，另一个是仿真人的后背，再一个是木头桩子的后面。然后用工具敲打这三种“后背”，并将敲打的动作，用图像传递给你的目视镜，以便你能感知到它的存在。实验分两种类型，一种是同步敲打，另一种是异步敲打。前者你的感知与刺激同步，后者不同步。

实验开始了。在敲打半天后，让你移步一段距离，然后你再回到原位。实验结果令人吃惊：在异步敲打的情景下，人返回原地毫无障碍。但在同步敲打的情形下（木头桩子除外），人竟然难以归位。为何？原因竟然是，人无法分辨“自己的身体以及虚拟的身体”。看见自己的后脑勺的后果，竟然让人“失去自我辨识能力”。这种实验被描述为“灵魂出窍”。

这是哲学实验带给人的巨大震撼。借着这个实验，我想说的是，认知科学已经不仅仅是一门学科了。在70年代末期，认知科学作为一个学科出现以后，从斯隆报告提到的6个大的基础学科，神经科学、心理学、语言学、人类学、计算科学、哲学，可以彼此交叉出11个新兴的学科领域，比如神经心理学、认知语言学、认知神经科学、计算语言学等。我们知道今天的交叉更加广泛，完全不止这11个领域，比如神经经济学、神经教育学、神经营销学、认知神经生理学、认知神经心理学、心理生理学等。认知科学，已经成为一种新的思维范式，特别当它与神经科学的方法论结盟之后，展现出一片不同的天空。这片天空，正在逼近我们过去的传统学科很难认知的那部分内容。

过去几年我总是在说，我们要警惕、反思工业思维带来的毒害，我们要排除笛卡尔主义的毒害。怎么排除？我一直以来思考的一个方向，恐怕可以从认知科学、认知神经科学对人的思维范式的重塑这个方向取得突破。

认知科学的挑战：互联网思想的三个基石

大家知道，2013 年年初，奥巴马政府宣布了一个为期 10 年的大脑计划，欧盟也宣布了未来 10 年的大脑计划。这并非第一次宣布一个为期 10 年的关注脑科学、神经科学的计划了。20 世纪 90 年代，美国、欧盟、日本等都宣布过脑科学作为战略重点的发展计划，但与今天的这个脑计划相比，我认为有一个重要的区别。这个区别就是，20 年前的大脑计划，基本上还秉持还原论、两分法、确定性的工业时代科学观，今天的大脑计划则完全是用的另一个思路。这个思路强调神经元集群，强调大脑、身体和环境之间的连接与关联，这个思路把人与机器放在同一个语境下看待，机器也是有机体的组成部分。

这是一个值得关注的思想动向。自从西班牙神经科学家拉蒙 - 卡哈尔（Santiago Ramóny Cajal，1852 年 5 月—1934 年 10 月）发明硝酸银神经元染色法，开创了神经元机理研究至今，100 多年来科学家们致力于发现人类情感、思想活动的脑神经基础。绘制大脑神经元图谱、大脑神经连接组图谱，成为近十年来的研究前沿。这一前沿与纳米科技、生物科技、信息科技、智能科技的结合，有可能进入“介入和影响”大脑活动的新阶段。2002年美国政府商务部和美国自然科学基金会联合发布了一份展望21世纪科技发展的报告，这份名为“聚合科技改变人类未来”的报告中，有这样一句话，它说NBIC这四种科技的聚合，将会改变未来人类的物种。所谓NBIC聚合科技，指的是纳米技术（N）、生物技术（B）、信息技术（I）和认知科学（C）四大科技的聚合。

“改变人类的物种”这是个重要的问题，需要我们认真地思考。但是，我们需要意识到的是，思考的问题和思考的方式都产生了巨大的变化。过去我们自己，我们的知识体系、原则假设、理论方法是思考的“武器”，我们人是认识的主体。环顾四周，一切都只不过是我们认知的对象。今天我们依然在用主客两分的方法，用还原论、分离原则来认识这个世界，这已远远不够。就像王飞跃老师讲到的两个基本假设，第一个是不可知，第二个是不可分。虽然不可知、不可分是出发点，但还是要“强为之”，这样的话，我们的认知系统就一定会发生重大的变化。我们需要清醒地认识到，我们知识背景的底层、思想的底座，其实被传统的牛顿思想等传统的经典哲学格式化过一次。这是一个双重挑战，一重是认识论的，另一重是方法论的。基于这一点，我把互联网思想，概括成这样三大基石，或者说三大支柱，作为我自己的一点理解，与大家探讨。

第一个基石是复杂性，第二个是社会网络，第三个是公共空间。

复杂性是一种思维方式，简单讲要点就在于超越确定性，拥抱不确定性。传统科学观用清晰、确定、漂亮的公式把握这个世界，典型如法国数学家拉普拉斯的一句名言：给我初始条件，我将推导出整个宇宙。在拉普拉斯看来，这个世界就是巨大的微分方程组来表征的。复杂性思维要看的，是事物之间的关联，同时还包括事物之间关联的“化学变化”“生物变化”。

社会网络也是一种思维方式。过去我们看待社会网络，往往侧重于外在行为的联系所结成的网络。这里面有大量的学术成果，但这些成果里面缺少温度，有深度、高度甚至有勇气，但是没有温度。温度是什么？就是人在哪里，人的情感、意识就在哪里。我认为我们用过去传统的工具想抓住很难，因为我们今天的认知思维可能还停留在表征主义、计算主义，相信这个世界是符号表征，我们还想抓住这符号表征，第二个我们还想求解它，想计算它。这种方式可能是有问题的。今天社会网络已经渗透到行为、生活、意识活动的多个层次，社会网络已经成为理解个体、群体、人与机器在连接、行为、意向、感知等方面的基础结构。

第三个是公共空间。哈贝马斯在他的博士论文《公共空间的结构转型》中，分析了公共空间伴随资本主义发展的兴盛与衰落的历程。他的主要结论，就是鉴于资本主义丧失了批判能力，导致了公共空间的沦丧。可以说，今天的消费社会崛起（鲍德里亚）、对大自然无休止的索取（海德格尔）、人成为社会场景的表演者（戈夫曼），都印证了哈贝马斯的论断。但是，我觉得互联网将迎来公共空间的重生。重生什么？如何重生？这是一个巨大无比的问题。但我觉得至少有一条是值得关注的，就是“意义”

的生产方式将发生重大的变化。传统的意义哲学认为，意义凝结在文本中（这其实是表征主义的翻版，是确定论哲学的翻版），人的能力就在于可以像解谜题一样，把“意义”拎出来。这是错的。意义不可能“先生产后消费”，只能“边生产边消费”，意义本身就是共生的关系的凸显和感受。

从复杂性思想的三个流派，我们可以大致看到互联网背景下，复杂性思想需要面临何种转变。这三个流派是普里高津的布鲁塞尔学派、圣塔菲学派，以及不为很多人知晓的法国埃德加·莫兰的流派。早期的复杂性思想，其实只是从字面将复杂解释为“繁多、繁难”，它背后的信念，依然是确定性的、还原论的。传统思想仍然坚信可以无限逼近，并最终获得一个终极真理。但是，莫兰的思想以及近20年认知科学、神经科学的发展，越来越多地揭示出，人的主体本身，也是一个不断构建的过程，主体性并不是一成不变的（这句话不是套话，而是需要在我们思考问题的时候，纳入到认知结构中的一个重要因素）。在这种情况下，复杂性思想就意味着我们必须学会驾驭多层级、多主体、多进程的“变奏”，还不能指望通过一组方程式就能办到。

在虚实交际的互联网环境下，在人的大脑可以投射到身体、工具、外部环境的脑联世界中，仍然恪守传统的主体意向，是没有出路的。我自己理解，真正的核心问题其实是传统哲学和现在还不知道一种什么样的哲学画面的交锋，这个交锋，是要清楚地认识到我们的思想底座将来可能安放在什么样的哲学底座之上。

第二个问题，就是我们如何理解确定性与可知性的限度。说拥抱不确定性，并非拒绝确定性，而是要透过不确定性，对赛博空间给我们带来的“可能的世界”有可以展开思考的可能。“可能的世界”或者说“平行世界”虽然是物理学甚至科幻作品的某种畅想，但作为一种思想需要认真对待，认真体会。在可能的世界里面，我们是什么样的存在，我们还存在吗？如果存在的话，我们的存在怎么去理解、表达、解释和传达？在思考这些问题的时候，我自己长期受一个词的困扰，就是“悖论”。

科学史上有很多悖论，刺激了科学思想的拓展。但值得注意的是，看待悖论的方式，传统科学往往采用“驱逐”的办法。人们不喜欢或者说不能用逻各斯传统思维驾驭这种离奇古怪的东西，人们希望生活在一致、完美、妥当的世界里，不能忍受彼此冲突、抵牾。针对悖论，很多思想和学说的基本态度，不是将其看作怪胎，就是希望征服它，“碾平它”。

我们经历了这么多年的逻辑学、数学、物理学、传播学等的很多悖论以后，我在想，我们是不是到了这样一个时刻，重新思考悖论到底跟我们是什么关系？

在这里我想提一个问题，就是工业时代、信息时代最大的问题是什么？我认为是对“忧虑”的态度。这个态度将工业时代和信息时代区分为两种人，一种人将世界视为必然的世界，另一种人则将世界视为可能的世界。

丹麦哲学家克尔恺郭尔讲过一个例子，对“恐惧”做了深刻的剖析，很有启发。他问，一个人站在悬崖边上最大的恐惧是什么？他的回答是，担心“失足落崖”。但这一答案并不令人惊奇。求生是生命本能，这种恐惧是与生俱来的，是动物的恐惧。克尔恺郭尔作为哲学家，他的洞察力体现在进一步提出了这样的问题：作为人，除了这种动物的“恐惧”之外，作为人的“恐惧”到底是什么？

昨天有演讲者提到2002年诺贝尔经济学奖获得者卡尼曼的理论。卡尼曼告诉我们，其实人对风险的担忧，并不是担忧风险之下的损失，人只是会害怕不确定性。人为什么会害怕不确定性？这个恐怕要从数百上千万年的生命进化史中找答案。

20世纪60年代，美国神经生理学家保罗·麦克莱恩（Paul D. MacLean，1913—2007）提出了“三位一体大脑”（Triune brain）的模型。他认为经历千百万年进化，人类的大脑其实由三部分构成，分别是爬行动物脑、边缘系统（哺乳动物脑）和大脑新皮质。作为动物的人，在千百万年的进化史上，最残酷的就是生存竞争。冰川酷暑、猛兽攻击、饥寒交迫，是作为动物的人的刻骨记忆，长期对动物脑加以塑形。我们对不确定性、对生存威胁的恐惧，是深深地刻印、塑形在人脑的“爬行动物脑、哺乳动物脑”之中的。逃离、保命、求生，已经成为作为动物的人的本能反应。

那么克尔恺郭尔要问的，则是作为一个人，作为已经具备了“大脑新皮质”的现代人，他的恐惧是什么？克尔恺郭尔给出了这样一幅画面：他说当我站在悬崖边上，我一定会担心自己失足落崖；但当我看到一群雄鹰在天上飞翔的时候，忽地一刻，我或许会在脑海里闪过一个念头，我要飞翔，我羡慕自由的翅膀，我要去做，我现在就想像雄鹰那样，翱翔蓝天……这一刹那的念想，真有可能让我进入恍惚之间，我真的难保自己不会纵身一跃——但是，爬行动物的脑，动物的那个脑会立刻制止我，提醒我不要失足落崖。

所以，克尔恺郭尔所说的人的“恐惧”，恰恰是这种又害怕“失足落崖”，又渴望自由飞翔而“自投悬崖”，这种“恐惧感”，才真正是属于人的“恐惧感”。

我理解人的恐惧，其实就是对这种极度纠结、悖谬的心灵状态的恐惧。一方面，动物的人将趋利避害作为自己最高的生命本能，然而作为人，却总是想挣脱种种物理的、生物的束缚——然而，人自身对这种“能，还是不能”的犹疑，对这种“担心却又向往”的悖谬的折磨，给人的心智带来的“摧残”，以及由此带来无休止的“心智倒退”，直逼精神崩溃的恐惧，其实怀着深深的恐惧。于是，精神分裂的种子就此埋下。

过去500年文艺复兴以来，人性与神性的抗争中，人获得了一次精神解放。人类发现了很多的牛顿定律，自以为获得了上帝的金手指，从此可以操弄、驾驭自己的命运。这样一种信念，对千百万年忍受“恐惧”折磨的人来说，真有一种如释重负的感觉。人类似乎从来没有离完美的“彼岸世界”如此接近，人似乎有能力、有办法、有预期地，可以生活在“确定性”的世界里，从此永远告别莫名的恐惧。

但是，互联网、信息时代、信息社会发生的事情告诉我们，情况并非我们想象的那么惬意。我们已经打开了一扇大门。这扇大门并非将我们迎入“确定性世界”的殿堂，而是让我们暴露在永恒的“不确定世界”之中。必然性虽然存在，但可能性更加深远。理解确定性、必然性和可能性，需要新的哲学。所以说，凯文·凯利在《失控》中吁请人类，“有尊严地放手吧！”这个放手，不要机械地理解。他的断语，建立在对未来人与自然、人与机器的关系将发生深刻变化的基础上，用他的话说，就是“机器的生命化和生命的机器化”。这种人机合体的世界，我们将往来、穿行于虚实世界、平行世界、多重世界中，我们将学会在肉身中安放多重人格、多重心理、多重思想，我们已经不能在一个低维度的世界中运行，我们必须升格到更高的次元，学会在更高的维度去体验、去感知、去思考、去生活和交往。

我们能不能学会这些？我的基本看法是，这取决于我们是否能学会一种悖论式的生活方式。这种悖论式的存在、生存方式，就用两个词来刻画：一个是 Immersion，沉浸、卷入；另一个是 Emergence，浮现，涌现。

过去 20 年互联网的发展，时间虽然短暂，但我认为业已经历了三种形态，我把它总结为三个词：divergence，convergence，emergence。第一个是信息撒播的时代，也就是碎片化时代；第二个是信息聚合的时代，也就是我们今天的大连接、大社交、大数据时代；第三个是涌现阶段，经历脑科学、神经科学、认知科学洗礼之后，我相信这个时代很快会到来。

站在第三个时代的门槛前，我认为最重要的一个问题，就是思考“意义的生产方式”。意义，原本的理解是镶嵌在符号中，镶嵌在认识对象中。人的价值就是把意义挖掘出来，释读出来。今天看这样是不够的。意义并非静悄悄地藏在某个地方，等待我们去发现。意义是共创生的，是在流动的、交互的人，自然、社会，机器的碰撞中创生的。

理解这种创生的意义，需要全新的哲学，需要对人性的全新解释。所以我觉得，未来是一个充分展现人的温度，充分展现人的情感，充分展现人性关怀的世界。这个世界是什么，在哪里，我不知道。但我知道的是，它有赖于我们内心深处灵性的复活，有赖于我们艰难地排除工业思维之毒，有赖于我们将灵性重新注入我们庞大的、庞杂的知识体系和学科体系中。

03 看！这些打磨认知镜片的人[①]

1723 年 8 月 26 日清晨，素有早起习惯的列文虎克（Antoni van Leeuwenhoek，1632 年 10 月—1723 年 8 月）没有起床。这位荷兰代尔夫特（Delft）市政厅的看门人，在他 91 岁高龄时，为这个世界留下的最后一句话，是委托他的好友，把 26 台显微镜和数百个放大镜，捐赠给了伦敦皇家学会。

从 12 世纪欧洲人学会制作凸透镜、凹透镜；到 1609 年，伟大的意大利科学家伽利略（Galileo Galilei，1564 年 2 月—1642 年 1 月）制作出第一台可放大 30 倍的天文望远镜；再到 1675 年，列文虎克磨制出第一台可以看清微生物、细胞、人类精子模样的显微镜。世界从两个维度，向人类敞开怀抱：一个是浩瀚的天穹，另一个是奇妙无比的微观世界。

2014 年 11 月 8 日，北京北展剧场，12 位来自全球科技界的顶尖大师，向人们展示精彩绝伦的“赛博体验之旅”。他们，以

① 本节内容选编自 2014 年腾讯 WE 大会上的发言稿。

及全球更多的认知科学家、心理学家、神经科学家、社会学家、哲学家和人工智能专家们，是一群潜心打磨“认知”镜片的人。他们，将虚拟与实境、心智与身体、大脑与意识，用全新的坐标呈现在你我的面前。

这一次，我们将“看到”什么？

“注意”和“意识”，哪一个在先？这是30多年前心理学家们争论的一个问题。按照普通人的理解，你“注意到”某个东西，必定有外部“刺激”，通过视觉、听觉、触觉或者嗅觉，引起了你的“意识”反应。果真如此吗？

美国心理学家本杰明·利伯特（Benjamin Libet，1916年4月—2007年7月）在30多年前做的一个实验，揭示出一个令人困惑的、惊人的结论：在你的“意识”做出任何你能感知到的动作之前，你的大脑神经某个部位，已经“提前”大约半秒钟做出了反应。

这个结果在2008年，由美国神经生理学家斯特凡·波特（Stefan Bode）借助更加精细的测量装置fMRI（功能性磁共振成像）加以印证。波特的实验揭示出，通过大脑功能图谱分析，实验人员竟然可以在你形成某种清醒的行为意志“之前”大约700毫秒，以80%以上的准确率预测到你“打算干什么”。

传统认知科学认为，人的行为完全受制于大脑的“意识活动”，是人脑神经元的电信号、生物/化学信号传导，决定着人通过感知器官接收到何种信息，并做出相应的动作和行为。

“人是机器”，或者“人像一个精致的机器一样运转”，是传统认知科学的基本假设。这一信条正在被逆转。

再来看前文在谈哲学的第三次转向时，提到的那个“哲学实验”。2007年，美国《科学》杂志发表了两篇论文，这两篇论文后来被誉为“哲学实验”的经典之作。

一个实验是瑞士学者Lenggenhager和Blanke做的，另一个实验是瑞典学者Ehrsson做的。相关细节，可以参考厦门大学周昌乐教授的解读文章，这里简要评述一下实验结果。

正常人的感知往往有一定的“盲区”，比如人的双眼水平视角是124度，人的听觉响度范围是0～140dB（分贝）。上述学者的哲学实验，简单说，就是通过目视场景的技术，让受试者“看到了自己的后脑勺”。

这一实验过去十年间有不同的变种，核心思想就是将传统视觉、触觉、听觉的感知通道，通过虚拟现实（VR）、增强现实（AR）等技术，给予“错位连接”，然后观察人的认知反应。

当试验者熟悉的感知通道、感知响应方式被“打乱”之后，试验者丧失了原本流畅、自然的感知——行为反应能力，或者变得笨手笨脚，或者变得对刺激来源真假难辨。这种“搅乱了的”感知结构，首先给人带来巨大的心理刺激和冲击，继而出现强烈的“认知失调”（菲斯汀格）。这种虚实夹杂的刺激环境，伴随数字技术的深度使用，伴随日益增长的“沉浸体验”，可能会“重塑”人的心智结构。这无疑是一件“天大的事”。

2500年以来的西方哲学思想史，可以粗略地看作“身体与心灵”关系的诠释史。无论是亚里士多德、柏拉图将灵魂和身体看作不同的实体，还是笛卡尔确立的人的认识主体，心灵驻留在哪里，一直是一个争论不休的哲学问题，也是一个心理学、生理学问题。

当一个你从来没有体验过的“认知”场景，逼真地呈现在你面前的时候，人们恐怕不仅仅是瞪大眼睛、大声尖叫吧！这里蕴含的“心智转变”，值得深思。

如果说，列文虎克、伽利略等科学家只是用耐心和精湛的手艺，打磨出延展人类躯体的“物理镜片”的话，今天活跃在人工智能、脑科学、神经科学和认知科学交叉领域的科学家们，则是在打磨着人类的“认知镜片”。

加州大学伯克利分校的 Jose Carmena，让我们看到了什么是“意念控制”。“意念控制”，这个曾经只能出现在科幻作品中的场景，迄今已经成为严肃科学实验可以印证的事实。

如果说，这种植入式脑电极，多少让人有点畏惧的话，非植入式的智能装置，将会让人感受到另一番景象。MIT 媒体实验室的博士候选人 Daniel Leithinger，发明了一种叫作 inFORM 的“手势感知”装置。虽然，这种非接触的手势感知与“意念控制”不在同一个量级；但谁又能说，这种前所未有的体验，不会在冥冥之中改变着人的认知结构，影响着你意识的深海呢？

日本学者 Tomonori Kagaya 发明的“仿生猫耳朵”，通过捕捉脑波信号来感知人的大脑活动。美国杜克大学的神经科学家尼科莱利斯，已经实现了通过给恒河猴植入微电极的方式，实现了对猴子饥渴感的“外部激发”。

透过这些脑神经科技的最新成果，人们可以更加真切地理解奇点大学创始人库兹韦尔的奇点理论。

库兹韦尔在《如何创造思维》一书中宣称，“自由意志的最大敌人是决定论”。传统哲学、科学思想带给人这样一种世界观：人和世界各居一端，人透过理性认识这个世界，世界是决定论的，背后暗藏着“客观规律”等待人去挖掘。

这种世界观是如此深入人心，以至于人们在谈论自由、谈论意志、谈论道德的时候，总是把自己“置身事外”，仅仅当作“观察者”“发现者”。

今天，我们可以有充足的理由说，这种世界观过时了。今天的世界观，已经不只局限在这个星球，而是穿越星空，走向太空：理解生命的更高次元。

奇点大学的联合创始人 Robert Richards 把 1969 年美国阿波罗登月计划称为“月球 1.0”，而把自己创立的“月球快递”称为“月球 2.0”的时候，他到底想的是什么？

在我看来，即将跨越半个世纪的月球之旅——按照 Richards 的计划，2020 年将实现月球移民，这将是人类太空观发生重大转变的时刻。这一转变的标志在于，看待地球这个人类居所的思想、情感、认知，将步入“更高的次元”。

曾在 20 多年前参加“生物圈 2 号”项目的 Jane Poynter，启动了“完美太空”计划，打算用 7.5 万美元的代价，将人送入 3 万公里的太空。这将是人类以新的姿态重新进入太空这一历史进程的预演、热身。

从整体上了解人类星球和这个蓝色星球所包裹着的浩瀚宇宙，有赖于人对这个世界的感知界面、观察窗口、参与维度所发生的巨大变化。新的认知窗口，将开启全新的认知体验，进而改变人们数千年积累起来的知识体系的“底座”。

经历过雅斯贝尔斯“轴心时代”发展起来的世界文明，无论东方的佛教文明、两河流域的穆斯林文明和欧罗巴的基督文明，都只是在一个共同的“世界视角”之下的生存与演进，这个世界视角，无非是“仰望天空，俯察大地”。晚至20世纪60年代孕育成型的生态思想，也只是将地球想象成为一个可以自如“呼吸”的“盖娅”生态圈。我们关于人的假设、人性的假设，关于人和自然关系的假设，尽管纷争迭出、流派众多，但基本没有突破我们对这个世界的感知和想象。

今天，这一感知和想象的边界，正在消弭。

第三种文化：求解斯诺问题的机缘

1959年，英国学者斯诺[①]（Charles Percy Snow，1905年10月—1980年7月）在剑桥大学做了一场主题为“两种文化”的讲座，指出西方知识界业已分裂成以“知识分子”为代表的人文工作者和以物理学家为代表的科学工作者。两类人已经无法在同一语境下展开交流。人文工作者剧烈抨击科学工作者漠视人性中“柔软”的部分，坚持理性至上主义和还原论思想；科学工作者指责人文主义缺少科学的基本素养，沉溺于自我陶醉的文本之中。

1963年，斯诺在《两种文化：一次回眸》中反思道，或许两种文化的对立只是假象，并非“非此即彼”的判定问题。我们

① 斯诺，英国作家。他的小说明显继承了特罗洛普、高尔斯华绥的文学传统，具有现实主义文学特点。他曾于1958年发表过一篇题为《两种文化与科学革命》的演讲，强调当今世界文学与科学必须加强联系和沟通的必要性，在西方引起了强烈反响。资料来源：王先霈主编：《小说大辞典》，长江文艺出版社1991年版，第591—592页。

今天的文化裂隙，已经超越政治、经济、社会、国际贸易、军事、宗教等各个领域，成为伴随人们日常生活（无论物质的、精神的，还是文化的）的重要组成部分。我们在信仰、真理、道德、文化等重大问题上各执一词。我们的“认知底座”也已“浇筑成型”。我们秉持还原论思想，坚定地认同笛卡尔以来哲学、科学、文学艺术对人性的基本假设。

是否可以说，求解斯诺难题的机缘，在互联网、脑科学、神经科学和认知科学的大背景下，已经到来了呢？

弥合文艺复兴以来科技与人文裂隙的第三种道路，或许正在眼前。认知科学，正成为改变人类物种的下一件大事。作为一个学科，“认知科学”的奠基有三件事：一件是1977年《认知科学》专业期刊创刊，一件是1978年美国斯隆基金会发布“认知科学研究报告”，一件是1979年美国认知科学学会（Cognitive Science Society）成立。

过去的100年里，“认知”[①] 这个问题很难归类。心理学家认为它属于哲学范畴（因为20世纪前半叶是行为主义心理学的天下）；哲学家又因为“意识”问题太过艰难，将其有意无意地忽略，把这个难啃的硬骨头让给心理学家。

中国认知神经科学界的前辈朱滢教授曾说，当年北大心理学系在大学急剧扩张二级学院的浪潮中得以保留，竟然是因为人

① 在英语中与“认识”本为同一个词“cognition”，但在心理学中所讲的“认知”与通常理解的“认识”并不完全相同。西方心理学界对于“认知”包括哪些心理活动形式，亦无统一见解。但是，较为普遍的看法，是把认知看成人的一些内部心理活动过程，包括感觉、知觉、想象、注意、记忆、思维、语言理解和产生。资料来源：彭克宏主编：《社会科学大词典》，中国国际广播出版社1989年版，第204页。

文学院、社会科学学院都觉得很难“收编”这么一个领域宽泛、难题丛生的学科。

80年代伊始，认知科学又有了新的关键词：认知神经科学①。美国神经科学家乔治·米勒（George Miller）和迈克尔·葛詹尼加（Michael Gazzaniga）共同创造了“认知神经科学”这个术语，给这个领域注入了新的活力。

进入21世纪以来，认知科学、认知神经科学等领域日益走向综合，随着人工智能、大数据、传感技术、虚拟现实技术的兴起，认知神经科学、脑科学的研究对重新理解人的视觉机理、感知与情绪，甚至意识的机理，都有了长足的发展。

对普通人而言，“认知”的问题似乎既简单又抽象。说其简单，是哪个人不觉得自己有“感知、理解、言说、行为”能力呢？喜怒哀乐、一笑一颦、言谈举止，哪一桩不是与“认知”有关呢？说其抽象，则是因为一旦专家学者将这个术语与大脑新皮质、颞叶、枕叶、额叶、顶叶，与视觉分区、运动感知区、海马，与杏仁核、多巴胺联系起来的时候，普通人可能立刻觉得自己坠入云山雾海之中。

10年前，美国神经心理学家达马西奥（Antonio Damasio，1944年2月— ）有一本书，叫作《笛卡尔的错误》，他的观点是，作为影响近现代哲学、科学思想的巨匠，笛卡尔将这个世界

---

① 在传统心理学、生物学、信息科学、计算机科学、生物医学工程以及物理、化学、哲学等学科交叉层面发展出来的一门新兴学科。20世纪70年代后期由美国心理学家米勒（George Armitage Miller，1920— ）提出，旨在阐明自我意识、思维想象与语言等人类高级神经活动的神经机制，即研究脑创造精神的途径等。资料来源：杨治良主编：《简明心理学辞典》，上海辞书出版社2007年版。

切割为“主体世界”和“客体世界”的两分法，实在是误人不浅。

认知科学奠基以来30余年的发展，告诉人们一个简朴的事实：关于人的认知，那些我们知道的，以后信以为真的，包含了太多的谬误和曲解。更加严重的问题恐怕是，建立在如此支离破碎、语焉不详的“认知假设”基础上的人类知识体系，竟然看上去如此光鲜亮丽、成果卓然。

英国诗人蒲柏①（Alexander Pope，1688年5月—1744年5月）曾模仿《圣经》的语气赞许牛顿，“上帝说，让牛顿去吧！”于是我们有了日益宏大的、精致的、漂亮的科学体系。然而，在新的“认知透镜”的注视下，这个原本一清二楚的世界，竟然显得如此粗糙、如此浅陋，但与此同时，却也显得如此斑斓、如此美妙、如此令人激动。

大脑的时代已经到来。把人的躯体、感知、情绪、意志，放在更加纤细的知识框架内审视，打破旧的知识藩篱，追问每一个我们熟稔的观念、术语，追问我们曾经不假思索的假设、结论。这是腾讯2014年度WE大会12位演讲者带给我们的重要启示。

这个启示，可以借用WE大会的口号说，就是“为未来而来”。这个“未来”绝不是过去的自然延伸，而是一个全然新鲜的未来。

我们感知到了吗？

---

① 蒲柏，18世纪英国新古典主义诗人。蒲柏是资产阶级志得意满的代言人，他的名句“凡是存在的都是合理的”，反映了当时社会上层人士的哲学信念。他的哲学以及人学思想直接来自波林布鲁克，属于沙甫慈伯利派。他崇尚理性，认为人的理性能够调解社会矛盾，但又认为情感和理性二者不可偏废。资料来源：孙鼎国、李中华主编：《人学大辞典》，河北人民出版社1995年版，第172页。

04 测量，还是感知？[①]

麻省理工学院（MIT）校园里，有一幢举世闻名的玻璃大楼，这就是创办于1980年的MIT媒体实验室（Media Lab）。走上三层，穿过炫酷无比的走廊，有一个名头很响的实验室，叫“人类动力学实验室（Human Dynamics Lab）”。

实验室的创办者是彭特兰教授。他被誉为“可穿戴计算之父”。2011年，彭特兰被美国《福布斯》杂志评为全球最有影响的7位数据科学家之一，他在组织工程学、计量社会学、移动信息系统、图像理解、现代生物测量等领域都有建树，被看作先驱人物。

2013年，彭特兰教授出版的这部社会物理学著作（中文书名《智慧社会：大数据与社会物理学》），详尽总结了人类动力学实验室近10年所做的工作和取得的成就。书中对“想法流动（Idea

① 本节内容选编自《智慧社会：大数据与社会物理学》（阿莱克斯·彭特兰，浙江人民出版社2015年4月，推荐序：测量，还是感知，第Ⅶ－ⅩⅦ页）。

Flow）”如何促进人类合作、促进城市发展和社会和谐，做了深入细致的探讨。该书一出版，即获各方赞誉，好评如潮。

比如美国联邦通信委员会前主席里德·亨特（Reed E. Hundt，1948 年 3 月—　）评价此书的焦点是关于“思想是如何涌现、流动和传播的”。斯坦福大学行为科学高级研究中心前主任，密涅瓦大学（Minerva）创始人斯蒂芬·科斯林（Stepfen M. Kosslyn，1948 年 11 月—　）说，“彭特兰确实生活在未来。”

这部书开篇，就是这样一句激情澎湃的宣言：“我生活在未来。”

全书共 5 大部分，11 个章节，4 篇附录。全书对传统市场理论和社会学的基本假设进行了批判，提出基于交互、接触、连接的“想法流动”概念，并建构基于“社会感知计算”的全新社会科学领域。

2013 年年末，湛庐文化组织了一次高品质的活动，叫作“对话最伟大的头脑”。我和 30 余位“庐客”一道拜访了这间诞生谷歌眼镜原型设计的实验室，见到了它的灵魂人物——阿莱克斯·桑迪·彭特兰。

他柔和、睿智的眼神，在镜片后面闪闪发光。他在回答提问时说：是的，“社会物理学”，这是一个来自法国社会学家奥古斯特·孔德的用语。

他为什么要选用这样一个近 180 年前的用语？

“想法流动”的社会学价值

1830—1842 年，孔德发表了重要的六卷本著作《实证哲学教程（*The Course in Positive Philosophy*）》。在第四卷里，孔德提出了“社会学（Sociology）”这一概念。孔德的“实证哲学”强调以事实为依据，采用观测、实验、比较和历史的研究方法，他认为可以获得与自然科学相媲美的社会科学知识。可以说，迄今为止的主流社会学基本理论，依然建构在孔德的思路之上。

孔德的思路是什么？法国著名思想家雷蒙·阿隆[①]（Raymond Aron，1905 年 3 月—1983 年 10 月）在 1967 年出版的《社会学主要思潮》一书中这样评述道：“静力学和动力学是奥古斯特·孔德的社会学的两大部分——社会静力学揭示人类社会的基本秩序，社会动力学叙述这一基本秩序到实证主义这一最终阶段之前，所经过的曲折历程。”（《社会学主要思潮》，pp. 65-66）

简单说，孔德的思路就是比照牛顿力学体系的“葫芦”，为社会学“画瓢”。静力学，用来分析社会结构；动力学，用来分析社会演化。你会说，这不挺好的吗？好是好，但在今天互联网的背景和氛围之下看，孔德搞错了两个问题。

第一个问题是，他把个体当作物理学的“质点”。虽然传统社会学也分析所谓群体、家庭、团队、组织；但把个体当质点看，就必然会把情感、欲望、意图等，仅看成个体质点的“参

---

① 雷蒙·阿隆，法国社会学家。在社会学领域中，他的研究涉及普通社会学和方法学问题、政治社会学和工业社会学、社会分层和冲突问题、社会学史等。他的一个著名观点是，资产阶级的根本变体、“统一的工业社会”和意识形态的终结，在逻辑上是相互关联的。资料来源：彭克宏主编：《社会科学大词典》，中国国际广播出版社 1989 年版，第 312 页。

数”，而忽略内在的丰富性（这一点，认知神经科学大有用武之地）。彭特兰认为，“我们（对人类社会）的理解框架，停留在18世纪（《社会学主要思潮》，p. 18)”。为什么这么说？他引用亚当·斯密的《道德情操论》指出，人出于本性不仅交换物品，还交换想法、帮助和同情之心。

这是一个非常重要的洞察。我们一直在使用“旧的思想底座”，且浑然不觉。彭特兰抓住了一个朴素但至关重要的概念——想法（idea）。

“想法”，这是一个极其普通的字眼儿。人们念出这个词汇的时候，往往意味着两件事：其一，想法是“个人”的事情；其二，想法稍纵即逝。

在彭特兰这里，“想法”以及“想法的流动”是探查人类交互秘密的钥匙，通过测量想法流动，可以就社会构建、团体形态改变、人际交往获得启发。

彭特兰认为，“我们的社会已经开启了一场可与印刷和互联网所带来的革命相比肩的伟大旅程。我们第一次获得真正了解我们自身和社会是如何演变所需要的数据。通过更好地理解我们自己，我们将有可能构建一个没有战争或金融崩溃的世界，一个快速发现和遏止传染病的世界，一个不再浪费能源、水和其他资源的世界，以及一个政府是用来解决问题而不是制造问题的世界。”

统观全书，核心问题就是：想法的交换如何驱动并改善人类行为？人们如何通过大量的交互合作，来发现、选择和学习新的策略并协调行动？

与孔德不同，彭特兰将视角盯在“想法流动”，将其作为看待人类关系构建、社会结构演进的新视角，在互联网，特别是移动互联网和社交网络大行其道的今天，这一视角更具有开创意义。

孔德社会学搞错的第二个问题是，在传统社会学中，社会结构和演化的形式，服从所谓牛顿力学的原理，完全从“外部性”给出描述。交互，被看作物理行为。

彭特兰比较了2004年詹姆斯·索罗维基（James Surowiecki，1967年4月— ）提出的“群体智慧”与“社会学习”的概念。他认为，索罗维基的群体智慧只是想法的“汇聚”，而不是想法的流动，特别不是想法的互动。比如无记名投票、点赞、网页下载、排行榜单等，这些都不是彭特兰眼中的想法流动的例子。

好的想法流动，源于仔细和持续的社会探索。在彭特兰看来，实证主义注重研究“个体的动力学原理”，过分强调了对个体“建模”。用我自己的语言说，“这是对的，但却是不够的。”通过社会交互促使想法流动起来，并进而催生新的想法，是社会建构的重要驱动力。

比如说，书中列举了证券交易网站eToro的案例（http://www.etoro.com/cn/）。交易者通过模仿、跟随交易达人的交易策略，通过轻松“搭便车”，就可以获得不俗的业绩。这种看似简单的模式，只有在互联网环境下才能得以实现。彭特兰将其称为“上帝之眼”——这是一种“全局学习模式”，即任何人都可以纵览交易全局，都可以面对一幅全景地图做出自己的决策。在这种语境下，社会学习是想法流动的关键；多样性是想法萌生的土壤；特立独行则是催化想法流动的典型风格。

对“测量”的反思

“想法流动”如何测量？这是一个很实际的问题。

说到社会测量，传统社会学对此似乎很了解。比如法国社会学家涂尔干[①]（Émile Durkheim，1858 年 4 月—1917 年 11 月）第一个把统计学导入社会学。他研究了巴黎历年自杀的数据，写出了《自杀论》（1897 年）一书。社会调查与统计学是今天社会学基本课程的必修工具。样本、抽样、假设检验、方差，这些术语对社会学工作者来说十分熟悉。但是，彭特兰对此提出尖锐批评，他认为真正的社会测量是“实时的、基于全体的”。唯此，才有可能真正建立社会学研究的基石。

这里，引用美国哥伦比亚大学社会学家巴顿（Allen Barton，1968 年 5 月— ）的一句话，他曾批评“社会学统计方法”是“社会学的绞肉机（sociological meat grinder）”，把活生生的人，转化为干巴巴的统计数据，然后煞有介事地做出种种分析和判断。

彭特兰提出基于“想法流动”的社会测量，包含三个关键词：流动性、社会网络、可视化。

彭特兰指出：大部分认为影响团体表现的因素（例如聚合

---

① 涂尔干，法国社会学家。涂尔干是第一个对日常生活的特定现象进行社会学研究并形成一套系统方法论的社会学家。他认为，社会事实是社会学研究的首要任务，反对用个性心理学去解释社会现象。资料来源：彭克宏主编：《社会科学大词典》，中国国际广播出版社 1989 年版，第 326 页。

度、动机和满足感）从统计学上来看，都不重要。最重要的是“话题轮换的平等性”——由少数个体主导的团体，拥有更低的集体智能。几乎所有大大小小的会议中，你都能领略彭特兰这个发现的趣味。好的会议、好的交互，充溢在大量短小、生动、密集的发言中，大家彼此回应对方，话语的“轮换次数”非常之高——“轮换次数”就是彭特兰测量想法流动的一个指标。

2012 年 4 月，彭特兰在《哈佛商业评论》发表文章《塑造伟大团队的新科学》，文中指出，“要想从使用组织结构图的管理中解放出来，就需要放弃依靠个体才能管理组织的方法，并转而通过塑造互动模式来获得更好的集体智能。”

通过这种“交互式流动”，可以在社交网络的基础上重新塑造组织的智能，进而运用可视化的方式增进社会的智能。10 年前，彭特兰的团队发明了一款叫作“社会计量牌（Sociometric Badge）”的新颖测量工具，大小像今天的一款智能手机，可以悬挂在胸前。里面内置了包括重力加速度计、摄像头、麦克风、红外测量等传感器。它可以实时记录对话者的话语轮换、说话的频度、相对视角，测量语气、语速等。这种交互计量装置并不去记录谈话的“内容”，而是通过这些参数来刻画谈话者之间的“交互关系”。

让对话者之间，或者一群对话的人能实时感知到对话的“氛围”，这是彭特兰的一大创举。彭特兰认为，一旦人们能够看到实际的互动模式，就能开始讨论如何最好地管理它们。以往，人们在对话中往往倾注大量的精力，陷入概念辨析、理由陈述、观点捍卫和结论说服之中，忽略了倾听，忽略了维护一种良好的交互氛围的重要性。究其原因，恐怕正在于“谈话内容”是可见的，而“谈话氛围”是不可见的。

彭特兰通过强调交互行为，把“交互”呈现在了人们的面前。这一点让我联想到商务智能（BI）中充斥着大量的“驾驶舱”“决策仪表盘”等概念，以及“用数目字管理”（黄仁宇）的理念。这些传统工业管理的思维固然对，但不够。差在哪里？主要问题是看不清结构。“看见结构”是交互的最大目的。看见更高次元的知识地图，这是共有知识的更高层级（参见2005年诺贝尔经济学奖获得者奥曼与谢林关于“共有知识”的理论）。彭特兰因此说，“重要的是交互，而不是所说的内容”。

2009年，美国国防部高级研究计划署（DARPA），用“红气球挑战赛”来纪念互联网诞生40周年。在全美布设10个红色气球，任何一个能找到全部气球坐标的个人和组织，将获得4万美元奖金。在全部4300余个参与团队中，彭特兰率领的团队最终获得冠军，他们仅用时8小时52分41秒，就将全部10个气球的坐标标示完毕。

在这一竞赛中，大家所能想到的最佳策略无疑是“众包”，但彭特兰团队的众包策略与众不同。它的要点在于，与其把任务分解到每个人，不如快速创建一个相互配合的组织。如何快速创建一个协作型组织？过去的组织者往往采用市场化的思维，强调对个体的激励，员工在同样的KPI之下相互竞赛。彭特兰则将投资花费在构建“社会纽带”方面，而不是单纯地激励个人。他认为，强社会纽带有利于想法流动，从而带来社会协同的积极力量。因此，彭特兰的“想法流动性测量”，其实瞄准的是社会纽带强度的测量，这才是促进合作机制的基础。

传统的社会学和经济学中，社会结构被看作种族、阶级、政治权势、社会地位塑造的产物，忽略了跨社会阶层的思想、想法的流动性，特别是打破壁垒、塑造边疆的创新思想、人际交互的流动性。这正是彭特兰思考的起点。

在彭特兰 2010 年出版的著作《诚实信号》(*Honest Signals*)中，他指出“与内容无关的互动模式，可以准确测量想法流动和决策”。著名社会学家帕特南（Robert Putnam，1941 年 1 月— ），在《独自打保龄球》(*Bowling Alone*) 中也提到，“我们是想法、商品、恩惠和信息的交易员，而不只是传统的市场思维所造就的竞争者。”

从这个角度看，彭特兰的所谓社会物理学，其实就是强调物质、能量流动之外的第三种流动性：思想、信息的流动性，并进而探讨由此带来的社会结构、认知结构的演化和变迁。

从测量到感知

“想法流动”是一个极富启发的理念。就此产生对“想法流动”的测量也属合情合理。但是，如果仅仅停留在“测量”这个词语的表面意义上，似不能全然领会彭特兰思想的深意。

“测量”当然很重要。只要想一想从建造埃及金字塔、修建罗马大道以来的人类测量活动，就可以理解测地术、星相学、算术与几何在人类文明发展史中的价值。说测量推动了人类文明进程，是一点都不为过的。

但是，字面含义的“测量”，或者“度量”，总是指这样一类活动：用某种“尺度”来衡量事物，以便获得某种公共认可的比较标准。通俗地说，测量就是用某种标准尺度，对事物进行“量化”的过程。这一理解有三个假设：其一是存在某种公认的“尺度”，从而有“度量衡”；事物是可量化的（或者说是需要量化的）；测量有助于对事物的认知。

这三个假设都对，但是都不够。不够在哪里？借用“具身性（embodiment）”这一概念（G. Lakoff & Chris Johnson），西方认知历程中的测量，一直以来是“离身认知（disembodied cognition）”，即将事物的属性从事物中“抽离出来”。这虽然是测量的应有之义，但在今天看来，这种理念有很大的局限性。这种局限性，突出地表现在，暗地里假设了主体和客体两分世界的合理性（即笛卡尔主义）。

莱考夫和约翰逊对这种具身性认知做了这样的评述：心智过程是具身的，是指认知的心智过程需要认知者与周遭环境实时、联系、密集的交互作用（甚至是彼此缠绕、嵌入、渗透的过程），具身性是“遭遇的连续谱”；认知中蕴含大量的隐喻，而隐喻是思维图式的核心内容，在这个意义上，测量其实是“隐喻的某种变现”；最后，认知总体上是“无意识”的，即认知过程是卷入、沉浸式的觉知、感受、体验过程。（《我们赖以生存的隐喻》，1980）

当我们面对互联网大谈“体验”的时候，如果仅仅把“体验”投射到某种传统的“测量”手法，以便获得所谓“大数据”的洞察的时候，我认为我们的思路可能已经走入了死胡同。我们在用“数据的尸体”取代活生生的体验。

彭特兰的价值就在这里。他首先让我们把社会交往、关系看作社会认知的基础，然后他聚焦“想法流动”这样一个生动活泼的过程，最后——尽管他也采用大量的测量手段——他试图将想法流动“呈现”在对话相关者的面前。让想法流动成为可见的，这是一个伟大的思想。

MIT媒体实验室里面，还有一个著名的实验室，是罗莎琳·皮卡德（Rosalind Wright Picard，1962年5月— ）创办的“感知计算实验室（Affective Computing)”。所谓感知计算，就是要把心理学、生理学、生物学的种种表征，诸如情绪、感知、喜怒哀乐，统统纳入社会学衡量的视野。想想今天的日益繁多的可穿戴装置（虽然很初级）、虚拟实景，你就可以理解感知计算有多么重要。说到这儿，你可以明白，为什么彭特兰被誉为“可穿戴计算之父”，而他却在社会学也做出如此突破性的贡献了吧！

可穿戴、实时、全体、社会测量、流动性，这些概念已经完全颠覆了传统社会学的基本架构。对此，我的理解有二：

一个是社会学将从关注个体（以及由个体组成的群体）转向关注“关系”，关注互动，关注流动性；另一个是，社会学将会与心理学、认知科学、脑神经科学结盟，进入关系互动的“有温度、有气息、有情感”的境地。

因此说，彭特兰的Idea Flow这个词汇，两个单词都很重要。Idea 不是罗丹[①]（Auguste Rodin，1840 年 11 月—1917 年 11 月）《思想者》中那个低头沉思的男人形象［西方哲学为男性哲学，阿伦特（Hannah Arendt，1906 年 10 月—1975 年 12 月）］；而是弥漫、充实在人心间，洋溢在外表的东西。Flow 不是传播学、物理学意义上的迁移、发送，而是哲学意义上的流动性（赫拉克利特，Heraclitus，约公元前 535 年—前 475 年）和心理学意义上的"爽"（美国芝加哥大学心理学教授米哈伊·奇凯岑特米哈伊，Mihaly Csikszentmihalyi，1934 年 9 月— ）。

彭特兰在该书的前言中写道，"拥有最好想法的并非只是最聪明的人，而是那些最擅长从别人处获取想法的人，驱动变化的人并非只是最坚定的人，而是那些最能与志同道合者相处的人。最能激发人的并非财富和声望，而是来自同伴的尊重和帮助。"(p.6)

"想法"及其"流动"，在我们的传统语境下，只能透过文本、记忆、回溯、印象来辗转印证、彼此衔接，但在彭特兰的"社会物理学"里，他让这种被测量行为"缩编"之后的符号世界再度充盈起来，让"关系"这一术语不再是硬邦邦的"连接"的同义反复，也不是东方语境下暧昧色彩浓郁的那种感觉，而是本身就具有了生命的活力。

彭特兰认为，现今的知识表达，大多数人习惯于使用静态的术语，比如竞争、规则，有时也会联想到复杂性，我们需要更加动态、演化的术语，应该着眼于网络中想法的流动，以及在此起

① Auguste Rodin，法国雕塑家。他把绘画性手法成功地应用于塑造雕塑形象。代表作品有《青铜时代》《思想者》《加莱义民》《巴尔扎克》等。著作有《法兰西大教堂》《罗丹艺术论》（罗丹口述，葛赛尔笔记）。资料来源：汪流、陈培仲、余秋雨等著：《艺术特征论》，文化艺术出版社 1984 年版，第 87 页。

彼伏的思想流动中涌现出来的社会规范，以及复杂性的产生过程。

流动性哲学是古希腊哲学流派中一个较为沉寂的支脉，但今天看来，这一支脉或许会大放异彩，并与东方天人一体的世界观相得益彰。英国神经系统学家、心理学家，计算神经学创始人马尔（David Marr，1945 年 1 月—1980 年 11 月）说，“我们需要超越单纯地描绘社会现象，从而得以建构社会结构的因果理论。”达成这一目的最好的办法，就是找到“社会测量”的正确方法。这一方法的关键，恐怕是重新定义什么是“测量”。

如何利用社会网络激励来改变基础，从而掌控这种力量来塑造想法流动？中世纪的信仰来自天启，启蒙运动的信仰来自理性，互联网的信仰来自交互与想法流动。想法流动是彼此接触的产物，是具身的伴生物，而不是逻辑思辨的过程。在这种新的“社会物理学”图景下，我们看到的绝不仅仅是牛顿力学的“物理交互”画面，而是溶解、催化、裂解的“化学反应”，乃至繁衍与遗传、选择与适应、合作与竞争的生物学、生态学反应。

在该书的第四部分，彭特兰热情洋溢地描绘了社会激励下的合作与协同、群体交互下的权力解构与建构，指出了基于功能设计的城市规划的失败，以及基于“数字新政（New Deal on Data）”引领下的城市实践、社会分配解构和交换的重要性——虽然，作为一名实证主义研究学者，他对未来社会的描绘还停留在畅想阶段，彭特兰的梦想刚刚显露出一丝生命的绿意，但这一片绿色，必将强劲生长。用他自己的话说，就是“首先要着眼于想法的流动，而不是财富的流动。这是文化规范和创新的源泉”（p. 191）。

05 维纳：真正的技术思想家——从《机器崛起》说起[①]

《机器崛起：遗失的控制论历史》（*Rise of the Machines: A Cybernetic History*）这部书的作者，又是一个“70 后”。

为什么说“又是”？上一个令人震撼的著作《人类简史》（2011 年首版），就出自一位“70 后”历史学家，以色列耶路撒冷希伯来大学历史系的尤瓦尔·赫拉利。

《机器崛起》这部书的作者托马斯·瑞德（Thomas Rid，1975 年 3 月—　），现在是英国伦敦国王学院军事研究系教授。他出生在瑞士、德国边界上的一个德国小镇 Hegau，靠近唐斯坦茨湖。1994 年高中毕业，1997—2002 年在柏林洪堡大学念社会与政治科学，其间在伦敦经济学院学习一年。2006 年获得洪堡大学博士学位。

① 本节内容选编自微信公众号“段永朝读书”文章：段永朝｜维纳：真正的技术思想家——《机器崛起》阅读杂感，链接 https：//mp.weixin.qq.com/s/K19KNmpQUhjZO5N0zIYn9w。

一部控制论思想史的力作

瑞德这本书的魅力，从书名的正副标题上，即可体会到。

书名正标题，叫作《机器崛起》，单看这个题目，跟近几年宣称未来人工智能、机器人改变世界的众多图书相比，似乎并不起眼。然而，正如中科院贺福初院士在推荐序中说的，“本书的最后，作者别开生面地指出，当前阶段，机器已然开始陨落。”这是为什么？

这本书中文译名的副标题是“遗失的控制论历史”。英文原题直白说就是“控制论的一段历史（A Cybernetic History）”。中国工程院戴浩院士，在另一篇推荐序中，解释了译名Cybernetics的来龙去脉。北京邮电大学杨义先教授，认为恰当的翻译，应当是“赛博学”。本书的译者之一，中科院自动化所王飞跃研究员，提出了这样的问题：Cybernetics，翻译成控制论到底是利大于弊，还是弊大于利？控制论同自动化又是什么关系？

可能对很多不是这个专业的人来说，“控制论”只是维纳一部著作，或者一门叫作“自动控制”“自动化”的学科的基础罢了。或者更多关注20世纪40—60年代“控制论、信息论、系统论”的朋友们，也仅仅将其作为一组科学与工程思想的言说体系（70年代之后，这三论被称之为“老三论”，此外出现了“耗散结构”“突变论”“协同论”所谓的新三论。新、老三论，是80年代思想解放时期非常重要的思想内容）。

那么，“控制论”跟眼下大热的人工智能、机器人、虚拟现实有何种渊源？与互联网、移动互联网、物联网又有什么内在的瓜葛？维纳极力主张的“控制论”的原意，与20世纪五六十年代的发展轨迹之间，有什么内在的冲突？为什么作者认为控制论的发展史中，起到巨大推动作用的，是所谓的“控制论的神话”？1964年维纳去世之后，控制论又有了哪些重要的进展和应用？为什么20年前，凯文·凯利（Kevin Kelly，1952年8月—　）在《失控》一书中，认为控制论已经没落？

带着这些疑惑，我用三天的时间读完这部著作，不禁掩卷长叹——要是在37年前我进入自动化专业开始学习控制论的时候，就有这样一本经典之作，那该多好啊！

不过，所幸的是，当年除了学习系统、反馈、闭环、轨迹、稳定判据、传递函数、最优控制、极大值原理等这些概念之外，我还是认真拜读了控制论的祖师爷维纳1948年出版的《控制论：关于在动物与机器中的控制与通信的科学》，以及1950年出版的《人有人的用处：控制论与社会》。后一本书，直到今天都是我向朋友们推荐的思想著作之一。

顺便说一下，2013年5月，我与胡泳、王俊秀探讨“意义互联网”时，正是受启发于《人有人的用处》中维纳引述英国诗人理查德·霍姆斯（Richard Holmes，1945年11月—　）的诗句“神奇的单马车”，让我联想到“恰当社会”这一提法。（详情参阅拙文《意义互联网》）

《机器崛起》这本著作，将控制论这门学科的发展，置于恢宏的历史画卷中，置于深厚的文化土壤中，让读者能够深刻领会这一学科领域，从孕育、创立、演化、发展，到多学科交叉、工程化应用的全貌。

不管读者是否熟悉控制论这一学科，也不管读者是否有专业的工程技术训练，这部精湛的著作，都可以使读者从历史背景、利益冲突、文化土壤和思想渊源中，把过去一百年来的两次世界大战、战后重建、冷战、美国的军事工业联合体、60 年代的披头士文化、反战思潮，以及后现代文化，硅谷崛起、微电子革命、太空探索、第三次浪潮、新经济，以及黑客、好莱坞科幻大片、互联网、赛博空间、赛博格、赛博朋克等，贯穿成一条粗壮的线条，连接成某种历史画面。

作者通过翔实的资料爬梳、大量的历史人物访谈，历史事件重构，展现出这样一个充满矛盾冲突、思想焦虑、技术路线博弈和商业文化沉浮的历史画卷。更加难能可贵的，是作者特别注重“控制论”这一用语在提出、阐发、争执、解读中不断溢出的思想意味和文化象征。

要谈一点这部著作的读后感，我想通过书中的两个细节说起。

一个细节，是那些年流行的小型座谈会。另一个细节，是那些掷地有声的、关乎未来的“声明”。

第一个细节：先说研讨会上的脑力激荡。开会，好像是一件普通得不能再普通的事情了。但细究起来，还颇有讲究。单说英文与“会议”有关的词，就有网友归纳出多达 25 种：

Assembly，Caucus，Colloquium，Colloquy，Commission，Committee，Conclave，Conference，Congress，Convention，Convocation，Council，Discussion，Forum，Meeting，Panel，

Powwow, Roundtable, Session, Seminar, Symposium, Synod, Parley, Social Gathering, Workshop。

(详见:http ://www.cnblogs.com/yymn/p/4896063.html)

比如,Conference,比较正式的会议;Seminar,则是小型的学术研讨会;Worship 偏重互动性、专题性,也是小型的会议。

从渊源上说,像雅典学园那样的学术聚会,可能是 Seminar 的先祖(我猜啊,没有考证),里面多“苏格拉底式”的论辩,也有“亚里士多德式”的逻辑陈述。总之,“会议讨论”大约是西学传统中一个非常重要的文化现象。从这个视角,看东西大学的差异,或许可见一斑。

像本书作者提到的,每一个这样的座谈会,都聚集了不同学科的学者,以及工程界、企业界的有头脑的人士。比如众所周知的 1956 年达特茅茨学院的暑期讨论班(Workshop)上,诞生了“人工智能”这一名词。还比如 20 世纪 20 年代由德国哲学家石里克(Moritz Schlick,1882 年 4 月—1936 年 6 月)发起的,聚合鲁道夫·卡尔纳普(Rudolf Carnap,1891 年 5 月—1970 年 9 月)、哥德尔、威斯曼等哲学家、数学家、物理学家的“维也纳学派”[①](参见陈嘉映老师的文章,https ://www.douban.com/group/topic/48688823/)。再比如 20 世纪 30—60 年代,一批

① 维也纳学派继承了休谟、孔德、密尔和马赫等人的实证主义基本观点,采用了罗素的数理逻辑的分析方法及其逻辑原子论的基本思想,它也接受了维特根斯坦前期哲学的基本观点。相对论的创立和量子物理学的发展为它提供了自然科学的理论基础,从而使它成为逻辑实证主义思潮的主要学派。资料来源:马国泉、张品兴、高聚成主编:《新时期新名词大辞典》,中国广播电视出版社 1992 年版,第 73 页。

法国数学家通过研讨会形式组建的“布尔巴基学派”[①]（参见胡作玄老师 1984 年出版的《布尔巴基学派的兴衰》一书）。更不必说为众多人所熟知的法兰克福学派、哥本哈根学派、剑桥学派［马歇尔（Alfred Marshall，1842 年 7 月—1924 年 7 月）］、芝加哥学派［科斯（Ronald Harry Coase，1910 年 12 月—2013 年 9 月）、弗里德曼（Milton Friedman，1912 年 7 月—2006 年 11 月）］、多伦多学派［麦克卢汉（Herbert Marshall McLuhan，1911 年 7 月—1980 年 12 月）］等。

话说回来。

下面我转述两个这样的会议：

第一个，控制论历史中几次重要的跨学科会议。

比如，1947 年冬天到 1948 年春季，维纳为了深入探索“通信”这一术语在不同学科的理解和应用，把通信领域的科学家和工程界的人组织在一起，在波士顿地区举行了“星期二晚餐会”，参加这一聚会的，有当时的 MIT 电气工程系教授威斯纳（Jerome Bert Wiesner，1915 年 5 月—1994 年 10 月）（后来是 MIT 校长），有利克莱德（J.C.R. Licklider，1915 年 3 月—1990 年 6 月，后来的互联网奠基人之一），有数学家、哲学家、心理学家、工程师、声学和神经生理学家等。正是这样的讨论会，形成了控制论的三个核心思想：系统、反馈、人机关系。

---

① 布尔巴基学派，由一些法国数学家所组成的数学结构主义团体。20 世纪 30 年代开始形成。布尔巴基是这个团体的成员，是已出版的《数学原理》（约 40 卷）一书作者的笔名。他们以结构主义观点从事数学分析，认为数学结构没有任何事先指定特征，它是只着眼于它们之间关系的对象的集合，认为数学就是关于结构的科学。资料来源：冯契主编：《哲学大辞典》（下），上海辞书出版社 2007 年版。

维纳当时的思想，倾向于将机器拟人化，比如传感器对应人的感官，控制执行机构对应人的神经系统、运动器官；人机交互，对应通信的基本过程，输入和输出。

对控制论的理解，可以说从一开始就微妙地划分为两个阵营：一个是机械主义，另一个是认知主义。前者将人理解为机器，致力于用还原论的数学物理工程方法，试图发现有机体的结构和运动机理，转而用机械方法重构有机体。后一种则将有机体视为黑箱，致力于从信息通信、行为交互的角度建构有机体的行为范式，转而用控制论的方法建构有机体—机器的可控的模型。

第二个，纽约梅西基金会在1952年3月举行的所谓梅西会议。与会者包括人类学家贝特森（Gregory Bateson，1904年5月—1980年7月）和他的妻子社会学家玛格丽特·米德（Margaret Mead，1901年12月—1978年11月）、神经生理学家布鲁斯·罗森（Bruce Rosen）与维纳共事研究防空预测项目的罗伯特·毕格罗（Robert Bigelow，1945年5月— ）以及英格兰巴恩伍德疗养院的阿什比（W. Ross Ashby，1903年9月—1972年11月）等。

阿什比和贝特森，是《机器崛起》一书中笔墨较多的两位。

阿什比早年开发的“同态调节器”，充分展示了他对“人机交互”的深刻理解。他认为，“同态调节器既是系统，又是环境”（p. 47）。贝特森赞同这一点，认为“大自然并不会把有机体和环境区别开来”（p. 49）。

阿什比认为，“大众所神往的控制论想法是错误的，它不是关于思维的机械化设备。判断一台机器是否有资格成为大脑的关

键指标，并不是这台机器是否具备思维能力，更重要的是它是否能够作出某些行为。”（p. 51）

贝特森在他的著作《朝向思维生态学》中写道，“思维并不是存在于人的头颅之中，而是存在于整个系统中：思维内在于这个更大的系统——人类与环境共同组成的系统。”（p. 156）

不知为何，维纳并未参加梅西会议。但从梅西会议透露出来的信息来看，这是与“控制论”字面含义完全不同、更具有深度的思想，即“人—机共同体”的思想。这一思想，我认为也是20世纪90年代末期，具身性智能概念崛起的先驱，甚至我认为是这一波人工智能再度兴盛的思想源泉。

第二个细节，是《机器崛起》这本书提到的三则“宣言”。

第一则宣言，是1985年加州大学圣克鲁兹大学哲学教授唐娜·哈拉维（Donna Haraway，1944年9月— ）在《社会主义评论》上发表了《赛博格[①]宣言》（*A Cyborg Manifesto：Science，Technology，and Socialist-Feminism in the Late Twentieth Century*）。她认为，“一个赛博格就是一个声控体系统，是机器和有机体的一种组合，是社会现实，同时也是小说里虚构的生物。”（p. 133）

她用C3I这个著名的符号（指挥、控制、通信+情报），说现代战争是赛博格的狂欢，“我们都是赛博格”。

大家知道，“赛博格”这个名词，是纽约洛克兰德州立医院的医生内森·克莱恩（Nathan Kline，1916年3月—1983年2

---

① 任何一个外部义肢装置都可以将一个人变成赛博格，比如作为技术社会化载体的手机，它就是一个低层次意义上的赛博格，因为它利用网络平台（信息交换和连接）使得参与者可以与另外的参与者沟通和交流。资料来源：http://cyborganthropology.com/What_is_a_Cyborg%3F，2010-12-24。

月），和他的助手曼菲德·莱恩斯（Manfred Clynes，1925 年 8 月— ）在 1960 年的一篇文章（《药物、太空和控制论：赛博格的进化》）中杜撰的一个名词，这一名词被 D.S.Halacy（1919 年 5 月—2002 年 3 月）用作 1965 年出版的一本书的书名《赛博格》。

第二次世界大战之后的 20 年里，对“弹道导弹 + 原子弹”的恐慌，转化成疯狂的自动装置、智能装置的研发，进而与波涛汹涌的 20 世纪 60 年代反叛思潮、反主流文化纠缠在一起，极大地释放了人们对机器、对未来乃至对上帝的想象力。

可以学习、自我复制、自我创设的自动机器，不但意味着更强大的武器系统、防御体系，也意味着机器日益紧密地渗透、嵌入到有机体的行为之中，进而重新塑造人的认知。

在这 20 年里，涌现了大量的新闻解读、科学著作、科幻作品，如 1945 年《新闻周刊》的封面文章《按钮战争》，1950 年 MIT 戏剧社上演的科幻剧里出现的“机器人”，1952 年阿什比的《大脑设计》，1960 年利克里德的《人机共生》，同年马克斯韦尔·马尔茨（Maxwell Maltz，1889 年 3 月—1975 年 4 月）的《心理控制方法》，爱丽丝·玛丽·希尔顿（Alice Mary Hilton 1936 年 6 月— ）1963 年的《逻辑、计算机器和自动化》以及她提出的赛博文化，1966 年冯内卡特的《2001：太空漫游》，1967 年赫尔曼·卡恩（Herman Kahn，1922 年 2 月—1983 年 7 月）的《公元 2000 年》，1968 麦克卢汉的“地球村”，等等。

“赛博格”这个术语，可以看作维纳的控制论“失控”的一个标志，也可以看作控制论思想超越工程技术，进入有机体生命世界，进入政治学、社会学、人类学领域的一个分水岭。

在这一概念的催化之下，20 世纪 60 年代涌现了大量新奇装备，包括即时感知设备、外骨骼系统、人机合体、增强触觉、头盔显示器、行走机器人，等等。这一概念在当时的语境下，被认为是尼采“超人”理念的觉醒、是机器的觉醒，是这样一种信念：人类进步不再被动由生物进化所驱动，而是将其掌握在自己手中。

1965 年，英国数学家欧文·约翰·杰克·古德（Irving John Jack Good，1916 年 12 月—2009 年 4 月）认为，“人类的存亡取决于超级智能机的早期建设”。1970 年，科幻小说家弗诺·文奇（Vernor Vinge，1944 年 10 月—　）将“智能大爆炸”命名为“奇点”[①]。2005 年，预言家库兹韦尔出版了《奇点临近》一书。更在 2009 年成立了奇点大学，他认为 2045 年“生物学意义上的人类将不复存在”。

可以说，“赛博格”这一概念，是超越传统机械还原论的两分法思想的一个重要标志。一方面，对生命的理解不再局限在有机体，整个自然环境都是活的，是充满生机的。1968 年英国独立科学家、环保主义者詹姆斯·洛夫洛克（James Lovelock，1919 年 7 月—　）和美国生物学家琳·马古利斯（Lynn Margulis，1938 年 3 月—2011 年 11 月）提出的盖娅理论，充分体现了这一点。

---

① 奇点，大爆炸宇宙论所追溯的宇宙演化的起点。它具有一系列奇异的性质，无限大的物质密度，无限大的压力，无限弯曲的时空等。不少学者证明在广义相对论的宇宙学中，“奇点”是不可避免的，均匀各向同性的宇宙是从“奇点”开始膨胀的。资料来源：金炳华主编：《马克思主义哲学大辞典》，上海辞书出版社 2003 年版，第 466 页。

可以说，从控制论到共生论的转变，是赛博格引发的深度思考。这一思考到今天看依然充满活力。

当然，需要看到的是老一辈控制论创立者维纳的担忧。《机器崛起》这部书，将维纳的这种担忧说成是悲观主义。我觉得不能简单而论。1961 年，在新版《控制论》中，维纳问道：机器可以生育另一个机器吗？（p. 103）

他指出，“如果机器变得越来越有效率，并且在一个越来越高的心理层面上运作，那么，机器占统治地位这一灾难将距离我们越来越近。”（p. 59）

维纳甚至忧心忡忡地将控制论的思考，延伸到宗教领域。

第二个宣言，是 1988 年蒂莫西·梅（Timothy May，1962 年 1 月—2018 年 12 月）发表的《加密无政府主义宣言》（*The Crypto Anarchist Manifesto*）。

60 年代的诸多发明创造和思想涌动，为 70 年代硅谷崛起、自由主义思想[①]盛行准备了土壤和武器。

在互联网发展史中占有奠基地位的《全球概览》杂志，由斯图尔特·布兰德（Stewart Brand，1938 年 12 月—　）创立于 1968 年。这看上去是一本类似分类广告一样的出版物，却蕴含着深厚的互联网社区精神。70 年代整个硅谷的电子先锋，都被裹挟到早期电子计算机和阿帕网的创造之中。比如文件传输服务、电

① 西方流传最广、影响最深的资产阶级政治思潮。19 世纪的自由主义的理论基础是功利主义，主要代表人物有英国的边沁、穆勒，法国的孔斯坦等人。他们代表了工业资产阶级的利益，在经济上主张不干涉主义；在思想上主张言论自由、思想自由、出版自由；在宗教问题上主张宗教信仰自由。这种理论为自由资本主义的发展作了论证。资料来源：孙鼎国、王杰主编：《西方思想 3000 年》（下），九洲图书出版社 1998 年版，第 1898—1899 页。

子邮件服务、新闻组服务等，以及鼠标的发明、人机对话界面、数据手套、VR 技术的发明等。

特别是黑客活动和非对称加密技术的出现，产生了大量激进的思想。比如戴维·肖姆（David Chaum，1955 年 1 月— ）认为“加密技术正在使国家变得过时”。

蒂莫西·梅（Timothy May），在 1988 年写下的《加密无政府主义宣言》中，认为技术将淘汰暴力、将拆除知识资产的栅栏、将打垮税收征管，等等。伴随科技乌托邦主义[①]和反乌托邦主义的角力，出现了所谓“黑网”，认为宁愿将权力托付给数字、主张完全匿名、无物理地址访问，为确保数字投票、数字现金、数字自由的权益。

这一背景不但与当时的微电脑技术联手，而且呼应 1988 年计算机病毒大爆发、1991 年伊拉克战争的“沙漠风暴”行动，以及 1993—1994 年加密芯片的争议，1996 年 10 月跨国界网络入侵的“月光迷案”，出现了大量激进的文化思潮，包括 1996 年，电子前哨基金会（EFF）的联合创始人约翰·巴洛（John Perry Barlow，1947 年 10 月—2018 年 2 月）发表的《赛博空间独立宣言》（*A Declaration of the Independence of Cyberspace*）。

美国《连线》（*WIRED*）杂志 2016 年 2 月的一则评论指出，约翰·巴洛在 1996 年 2 月 8 日发表的这份《赛博空间独立宣言》中，传递了一个清晰的信息：传统的政府，再也无法统治互

① 乌托邦主义即空想社会主义。因 16 世纪英国早期空想社会主义者托马斯·莫尔的著作《乌托邦》而得名。资料来源：李水海主编：《世界伦理道德辞典》，陕西人民出版社 1990 年版，第 198—199 页。

联网。

巴洛在宣言中告诉各国政府：政府在网络空间中是不受欢迎的，政府对于网络空间没有主权。“我宣告，我们创建的全球社会空间，自然地不受你们强加给我们的独裁的束缚。你们没有任何道德权利统治我们，你们也没有任何强制办法，让我们真的有理由惧怕。”

《连线》杂志的评论指出，在20年后的今天，我们却生活在一个日益“局域化”的互联网中，这包括美国国家安全局对美国本土，以及全球范围内进行的大规模监视、美国FBI去“暗网”执法的时代。巴洛的独立宣言，也被一些人视为早年第一波互联网泡沫时期狂妄自大的产物；但报道中的巴洛本人，仍然对20年前的独立宣言深信不疑。不管怎么说，当今天的大数据、云计算、人工智能、虚拟现实、区块链、物联网、脑机接口等技术又迎来强劲爆发的年代，巴洛在宣言中所触及的问题，其意义和价值并未消失。

意味深长的控制论神话

在作者瑞德看来，“控制论始于战争，也终将归于战争”（p. 314）。控制论的历史，核心驱动是冷战对峙，攻防预测和命令指挥，试图构建快速应对的指挥系统。这一初衷很快激活了思想层面对于人和机器、机器与机器、人与人、上帝与人、上帝与人造物之间关系及关联的大思考、大讨论、大争论。在这一进程中，一大批科幻作品涌现出来，包括1977年的《星球大战》，

1982 年的《银翼杀手》，1984 年威廉·吉布森（William Ford Gibson，1948 年 3 月—　）的《神经漫游者》，以及 1999 年沃卓斯基姐妹（The Wachowskis）的《黑客帝国》。

作者最后一章提出的机器陨落，用今天的网络术语说，就是“被玩儿坏了”。他认为，控制论神话有三重含义：首先是机器的拟人化。这一神话延续了西方文明的普罗米修斯传统，用科学代替魔法。机器的拟人化首先从机器延伸和增强人的肌肉开始，进而进入了对感知、对思想、对情感的增强。这一进程是迄今为止这一波人工智能、虚拟现实、机器人技术的高潮之一。

其次，维纳以及早期的学者睿智地看到，机器的可理解性，可以反过来从机器端来理解人。这就是赛博格概念的深邃之处。马尔茨的《心理控制方法》、布兰德（Stewart Brand，1938 年 12 月—　）早年的《全球概览》，以及赛博格的各种具体呈现，都是试图从认知—行为的相互塑造的角度，加深对人的理解。

最后，80 年代涌现的赛博文化、赛博空间，是一首波澜壮阔的史诗的序曲。这一序曲展现了新的人机世界，展现了新的人机界面、人机关系，更展现了一个新的疆域，新的物种的创世纪。

作者在最后一章指出，虽然作为学科思想的控制论在 20 世纪 70 年代末期，就与学者日益远离，与亚文化学者日益亲和，虽然作为神话的控制论日益显露出疲态，但这一领域的思想魅力并未消失殆尽。作者说，“科学创造了一个图腾，而机器则是这一图腾的化身”（p. 322）。

虽然，作者全书终止于 20 世纪末叶，并未对过去近 20 年来互联网风起云涌的时代变迁，给予更多的关注，也没有对认知科学、具身性智能、脑神经科学等前沿交叉学科给予更多的笔墨，也没有描绘这一波人工智能、大数据、云计算、虚拟现实、区块链与早年控制论思想之间的血脉渊源，但这部书仍不失为一部深入了解控制论思想、控制论神话的上佳之作。

作者在最后一章倒数第二段有这样一句意味深长的话：机器不会接管人类，而神话会接管人类。

什么是现时代新的神话？什么是这个神话中言说的上帝、人与生命？什么是生命的涌现及其存在的意义？所有这一切，可能用传统的控制论神话的语言，尚无法透彻、清晰地展开讨论。新的表达方式、新的思考方式本身也伴随着这个飞速变化的世界深度漂移。正如作者引用法国符号学家罗兰·巴特（Roland Barthes，1915 年 11 月—1980 年 3 月）的话说，“新的神话需要新的语言”。

阅读这本书的意义，除了深刻了解控制论这一学科思想的演化史，更重要的是激发我们对未来神话的想象。

顺便说，建议读者在阅读《机器崛起》这本书的同时，可以阅读另外一本经典佳作，美国人工智能学会前任主席尼尔斯·尼尔森（Nils J. Nilsson, 1933 年 2 月—2019 年 4 月）的《理解信念：人工智能的科学理解》，这本书，也是王飞跃老师翻译的。

维纳在《控制论》序言中写道，“第一次工业革命，通过引入机械装置的竞争导致了人类手臂的贬值。”“第二次工业革命——将会引起人类大脑的贬值，至少会引起人类大脑在更简单、更常规化的决策方面的贬值。”（p. 69）

本书的译者之一，也是 2014 年度维纳奖的获得者王飞跃老师，在译者前言有这样一段话，延续了维纳的思考，体现了对未来变化的深刻理解，他说：

> 在第一轴心时代，人类解放了物之力，实现了农业文明，基本解决了社会资源不对称的问题；在第二轴心时代，人类解放了能之力，实现了工业文明，基本解决了人们之间信息不对称的问题；在第三轴心时代，人类将解放智之力，充分利用赛博空间，使全球化由负和、零和走向正和，进入智业文明，最终解决我们之间的智力不对称问题。

略微感到遗憾的，是作者瑞德探讨“控制论”的触角并未延展到最近的20年，特别是控制科学与神经科学、脑科学、认知科学的结合。此外，“控制论”作为一门工程应用学科，其学术思想也未得以充分展开。[推荐阅读MIT科技史教授戴维·F.诺布尔（David Franklin Noble，1945年7月—2010年12月），1984年出版的《生产力：工业自动化的社会史》，中文版2007年由人大出版社出版；或参见拙文《争夺车间的控制权》。] 还比如王飞跃老师在译者序中，提到的70年代智利总统阿连德，试图以控制论理论为依托，复活乌托邦的国家实验。（详情参见：《读书》杂志2017年第3期，王洪喆，《阿连德的大数据乌托邦》；http：//www.sohu.com/a/129452163_597685。）

不过，我深信，《机器崛起》这部佳作，一定能打开读者的思想之窗，思想之流。

Part 2 奏响思想的狂想曲

越来越多的思想者，认识到人类思想在受到笛卡尔哲学深度“格式化”之后所面临的窘境，因此我们需要跨过工业思维模式下的互联网思想鸿沟，拥抱世界并与科技结缘，诗意地栖居在这片大地上。

06 跨越卢比孔河[1]

首先为各位推荐一本美国杜克大学神经生理学教授尼科莱利斯的《脑机穿越》。这是一部值得从头仔细读到尾的书。

全书正文最后一页，倒数第四个自然段，作者提到了一个“卢比孔河（Rubicon）”[2]的典故，寓意深邃。

卢比孔河，是古罗马时期意大利与高卢的天然边界。公元前49年，凯撒[3]（Gaius Julius Caesar，公元前102年7月—前44年3月）统一整个高卢之后，挥师南下，来到亚平宁半岛卢比孔河的北岸。按照罗马帝国法律，任何帝国指挥官都不可跨越卢比

---

① 本节内容选编自《脑机穿越：脑机接口改变人类未来》（米格尔·尼科莱利斯，浙江人民出版社2015年3月，推荐序：跨越卢比孔河，第Ⅰ-Ⅶ页）。

② 卢比孔河，古意大利北部小河。在阿里米努姆（今里米尼）以北处，注入亚得里亚海。罗马共和国后期以此河作为意大利本土与山内（山南）高卢的分界，罗马法禁止将军率军跨过此河入意大利。公元前49年山内高卢总督凯撒在一度踌躇后毅然渡河向罗马进军，从而开始了与庞培的内战。资料来源：王觉非主编：《欧洲历史大辞典》（上），上海辞书出版社2007年版。

③ 凯撒，古罗马统帅、政治家。公元前49年率军渡卢比孔河进占罗马，建立独裁统治，领有“祖国之父”尊号。前44年被拥护共和派的人刺杀。其名字后来成为罗马和西方帝王习用的头衔。资料来源：中国百科大辞典编委会编；袁世全、冯涛主编：《中国百科大辞典》，华夏出版社1990年版，第704—705页。

孔河进入罗马，否则将视为背叛。

凯撒心意已决，决定渡河。渡河时，他说了这样一句流传千古的话："The die has been cast！"（骰子已经掷出，就这样了！）从此，未来的凯撒大帝，迈出了征服欧洲、缔造罗马帝国的第一步。

尼科莱利斯教授将这一典故放在最后，可谓意味深长。

这首先是一部资料翔实、脉络清晰的实验室日志。我不是神经科学专业的，但就我这样的外行读起来，也颇觉受益匪浅。尼科莱利斯不仅是科学家，还是讲故事的高手。大脑皮层神经放电的过程，在尼科莱利斯妙趣横生的叙述中，仿佛一首首迷人的交响乐章，让人惊奇不已。

在普通读者眼里，神经科学这一领域堪称"高大上"的典范，一说到颞叶、顶叶、内啡肽、多巴胺、脑电图、脑磁图，正常的反应大约也是"不明觉厉"。2013 年年初，美国奥巴马政府和欧盟，不约而同宣布未来 10 年是"脑的十年"，使得这一阳春白雪的科技前沿领域，日渐走入寻常百姓的视野。

顺着尼科莱利斯的讲述，我们可以辨认出一条充满艰辛、痛苦和欢愉的科学探索之路。但最令人掩卷长叹的，恐怕还是尼科莱利斯所面临的挑战。用他自己的话说，"为了说服神经生理学界的大多数人接受我们的发现，我们花费了很多口舌，发表了大量的文章"（p. 81）。他要说服什么？

25 年的寻找、验证、思考、对比，尼科莱利斯和他的导师、学生、合作者，所突破的并非仅仅是神经元信号测量的难题，而是横亘在诸多神经科学家面前的思想藩篱。"经过 25 年对大脑风暴的观察、聆听和记录，我只能说，皮层的放电活动似乎不只局限于或不在意传统细胞结构学所建议的边界。相反，他们越过边界，就好像那些边界是某些人大脑幻想出来的东西。”（p. 243）

在阅读这部书的过程中，建议读者打开 2013 年 2 月份的 TED 演讲，亲耳聆听让尼科莱利斯为之着迷一生的“大脑风暴交响乐”。

开启新的可能

寻找“祖母细胞（grandmother cell）”的努力，在神经科学领域一刻也没有停息。2005 年 6 月份的《自然》杂志，发表了加州理工学院 Rodrigo Quian Quiroa 教授和他的团队的研究论文：《人类大脑中单一神经元不变的视觉表征》。Quiroa 教授认为，他们找到了对于每张脸，大脑对应的单一神经元。早在 1969 年，这种神经元就被 MIT 的心理学家、认知科学家杰罗姆·莱特文（Jerome Lettvin，1920 年 2 月—2011 年 4 月）命名为“祖母细胞”。近半个世纪的科学研究中，学者们不停地声称自己发现了各式各样的“祖母细胞”，有人找到了 Bill Clinton 神经元，有人发现了 Halle Berry 神经元、Jenifer Aniston 神经元等，不一而足。

80 年代在巴西圣保罗医学院求学的尼科莱利斯，打算进入这一激动人心的领域之时，神经科学的主流声音，是所谓“局部论者”，即相信大脑神经元与身体行为、直觉意向之间有清晰的对应关系。早年西班牙神经科学家圣地亚哥·拉蒙－卡哈尔

（Santiago Ramóny Cajal，1852 年 5 月—1934 年 10 月）发明的神经元染色法，以及 1861 年法国医生皮埃尔·保罗·布洛卡（Pierre Paul Broca，1824 年 6 月—1880 年 6 月）在失语症患者大脑中发现的运动语言中枢（被称作 Broca 区），1874 年德国医生卡尔·韦尼克（Carl Wernicke，1848 年 5 月—1905 年 6 月）又作了进一步研究，发现了语言理解中枢的 Wernicke 区——所有这些神经医学研究，都包含这样一个影响深远的假设：人类的外在行为能力，与大脑某个部位的功能有直接的联系。

在大学教科书里，神经元模型、Brodmann 分区是标准模型，大脑神经元承载着明确、清晰的功能定位是基本假设，神经科学家的使命就是找出这些内在的映射和关联。在尼科莱利斯的科学生涯中，他所面临的巨大挑战，就是如何重新解释身体行为、知觉意向与神经元，以及神经元集群之间的关系。

从 1989 年到美国费城 Hahnemann 大学做博士后研究开始，尼科莱利斯就坚持这样的信念：不能把神经元个体看作大脑运作秘密的全部，应当将大脑皮层想象成为一个“强大的时空连续体”。基于这一信念，2002 年尼科莱利斯实现了“意念控制”的动物实验，通过训练一只叫作 Aurora 的猴子，成功将猴子脑部的意念活动，通过脑机接口导入到外界，控制一只机械臂的动作。2008 年 1 月 15 日，更加惊人的成果呈现在世人面前：一个远在日本东京的机器人，它的行走姿态，完全受到美国达勒姆实验室中猴子的“意念控制”——整个控制闭环所需要的时间，比猴子自身将大脑意念传递到自身肌肉控制的时间还短 20 毫秒！

尼科莱利斯透过“脑机接口”证实了此前未来学家、科幻作家畅想过无数遍的场景，这一场景就是电影《阿凡达》中的场面。人的后脑可以通过电缆与机器相连，人可以通过意念活动进入一个完全虚拟的世界。尼科莱利斯证实了这一点。

然而，我想说的是，对此的思考才真正展开。

尼科莱利斯清醒地知道，他需要跨越的“思想河流”，并非那么浪漫，那么温情。“思想相关性涉及一个历史悠久的哲学思想，那就是人类的现实观、判断、信仰、解释，以及科学理论，都受到了强加于人类思维的强烈偏见的玷污，而且这种玷污是不可挽回的。”（p. 243）

越来越多的思想者，认识到人类思想在受到笛卡尔哲学深度“格式化”之后所面临的窘境。美国著名神经心理学家肯恩·威尔伯（Ken Wilber，1949 年 1 月—　）对笛卡尔“二元论”方法做出了这样的评述，“二元论或者‘分而治之’的理论毒害如此之深，其中一个主要原因在于二元论的谬误已经形成了思维的根基，因此无法通过思维来将其连根拔起了。”（《意识光谱》，p. 19，湛庐文化，2011 年 7 月出版）

不仅如此，基于“两分法”的科学观，同样令大众的科学思维受到了毒害。尼科莱利斯坚定地支持著名进化论科学家、古生物学家斯蒂芬·杰伊·古尔德（Stephen Jay Gould，1941 年 9 月—2002 年 5 月）的观点，“社会偏见以及带有偏见的思维模式，对我们了解世界的方法有着强有力的影响，而每一位科学家在探究任何问题上都会运用带有偏见的思维模式。有关‘科学方法’完全理性、客观的刻板印象，把科学家看成是合乎逻辑的（且可以呼唤的）机器人。这种刻板印象只是自利的神话。”（p.246） 美籍华裔物理学家，MIT 复杂系统科学家欧阳莹之（Sunny Y.Auyang，1948 年 2 月—　），在 1998 年出版的《复杂系统理论基础》一书中这样写道，“科学主义过分炫耀科学且背离科学精神，这激起了许多科学家对科学的敌意。我们不要仅仅抱怨公众不愿意支持科学研究，或许我们应当检查自己，看看是不是我们做得太过分了，而成了科学主义。”

用我自己的理解来说，我们承接、延续着 500 年来文艺复兴、启蒙运动科学理性精神的光泽，享有并继承着丰硕的文明成果，但与此同时，我们思想的“底座”不幸被“格式化”为笛卡尔主义的，不幸将还原论、确定性、两分法和可分离原则作为一切思考的基本方法。我们所形成、浸润其间的“工业思维”，以及受其母体的逻各斯主义塑形的这个大脑，已成为横亘在我们面前的“卢比孔之河”。

穿越大脑与机器、大脑与身体、一个大脑与另一个大脑奔涌河流的旅程刚刚开始，然而跨越思想鸿沟的道路，依然漫长。

过河？过河！

聆听大脑交响乐，并非如我们想象的那般惬意。这不是在音乐厅，我们听的也不是肖邦或者贝多芬。

如果认为“脑联网”或者“脑机接口”可能带来的可怕后果，就是某个无所不能的老大哥，或者某个技术超群的天才，有朝一日控制了整个世界，或者更糟糕的是，某段代码的自我复制使得机器僭越人类，接管整个地球的话，那么他的“科学观”可能还停留在笛卡尔时代。几乎所有的科幻作品大致都是这个戏码。尼科莱利斯不这么看，他认为，我们需要的恰恰是，“把大脑从身体的局限中解放出来”（p. 256）。

在回顾人类飞行器发明史之后，尼科莱利斯指出，人与机器结成意义深远的联系，导致一种新的“身体图式”产生，这种“身体图式”是大脑对触觉信息产生的某种“感知”，这种感知仿佛进入骨骼、肌肉，成为身体的延展。

“身体图式”的概念最早见于100年前英国神经学家亨利·黑德（Henry Head，1861年8月—1940年10月）和戈登·霍姆斯（Gordan Holmes，1876年2月—1965年12月）的观点。尼科莱利斯深化了这一观点，他在书中写道，“就像猴子和人类精通使用人造工具一样，大脑也将这些工具同化为他们身体的一部分，成为与身体无缝链接的真实外延。”（p. 56）“正是由于这些图式的存在，我们才拥有将超过自身极限、有关姿势、动作及位置的认识，投射到手中工具之上的能力。”（p. 176）

工具被“同化”到大脑，这是一种深刻的哲学洞见。

德国现象学哲学家海德格尔，在其最重要的哲学著作《存在与时间》中，曾细致地分析过器具之于人的“上手”状态。海德格尔认为，人的日常生活总是与器物打交道，这“器物”包括锤子、钥匙、扳手、手机，也包括道路、桥梁、楼梯和餐桌，与“器物”打交道的历史就是人的历史。而“打交道”是一个“使用”的过程而并非“认知”的过程（顺便说一下，这一思想可以带给迷恋“认知科学”的科学家更多深思）。人和器物的存在，在海德格尔这里被划分为两种状态：一种是“存在

(existence)”，另一种是“在世存在（being-in-world)”，前者是现象学的存在而不是古典哲学的抽象本体，而后者则是被俗世包裹、缠绕、羁绊之下的存在状态。

海德格尔还有一个中心概念叫作“烦”。简单说，就是器物和人之间如果“不上手”“疏离”，人就会生出“烦”的情状。“上手状态”则是人与器物之间的“同化”。

其实，看看《庄子·养生主》中“庖丁解牛”[①]的故事，我们就会对这种“人与器物之间的同化”报以会心的微笑。

伴随尼科莱利斯25年潜心钻研的叙述，他总结了十大原则和一个假设，这是本书的思想精华。比如第七个“大脑可塑性原则”，尼科莱利斯指出，“皮层神经元所创造的有关世界的表征并非固定不变的，而是不稳定的。在我们的一生中，根据新经验、新的自我模式、外部世界的新刺激以及新同化的工具等的不同，这一表征会不断调整自己。”（p.186）

“工具是人的延伸”这一古老信念，在神经科学家这里获得了全新的意蕴：这种延伸并非只是“器物”层面的，不是一截树棍再捆绑另一截树棍的“几何延长”，而是经年累月的“打磨”之后，大脑对这种“人—工具复合体”的认知反应，并重新经过神经元组合之后产生的“上手状态”。

尼科莱利斯在《超越边界》中，所指称的边界就有了三重不

① 庖丁为文惠君解牛，文惠君称赞他技术很好。庖丁说：我开始解牛，所见的是一只整体的牛，三年以后，就未尝见全牛了。现在我已解牛十九年，做到了以神视，不以目视，所用的刀还像新的一样，因为总是从空处下刀，所以“游刃必有余地”。（见《庄子·养生主》）后以“庖丁解牛”喻得心应手的境界，或已掌握了事物的客观规律。资料来源：方福仁编著：《典故大词典》，浙江人民出版社2000年版，第639页。

同的含义：其一，是大脑神经元并非孤立的个体，而是结成神经元集群（这一点超越了单一神经元定位——功能主义的局部科学观）；其二，将神经元群的活动与身体的相互塑形联系起来，突破大脑—身体“两分法”的边界；其三，让大脑超越身体，延展到另一个身体—大脑，延展到任何的“器物”“机器”，进而延展到外部世界。用著名的互联网思想家凯文·凯利的话说，我们将迎来“人的机器化和机器的生命化同步展开”的时代。未来的科技，将作为与有机体共同发育、成长的“第七元素”，成为这个世界的“基元”。

尼科莱利斯畅想大脑在“星际空间”的漫游，畅想跨越生死边界，将思想、情感与爱保存起来，超越虚实世界的分野的时候，我们是否可以期待，更加激越的“大脑交响乐”“大脑间交响乐”将会在未来 10 年、 20 年激情澎湃地上演？

尼科莱利斯已经站在了“卢比孔河”的边岸，甚至说，神经科学家们，业已踏上了渡河的征程——“骰子，已经掷出！”

过河？过河！

我们已经过河。或者，我们正在过河。

07 穿越思想的雾霾[①]

多克·希尔斯（Doc Searls，1947 年 7 月—　）是一个在国内热闹的互联网界几乎不为人知的名字。他没有显赫的名头，也不常出入各种高大上的演讲场合，十多年来就两本书问世，一本是四位作者合著，名为 *The Cluetrain Manifesto: The End of Business as Usual*，出版于 1999 年。2002 年中信出版社出版中文版，书名译作《市场就是谈话——扭转传统企业思维的 95 个观点》，2016 年中信出版社出版的《互联网的本质》为本书最新版；再就是 2012 年哈佛商业评论出版社出版的《意愿经济》。

大卫·多克·希尔斯 1947 年出生于美国新泽西州泽西城，1969 年毕业于北卡莱罗纳州私立吉尔佛大学（Guilford College），获哲学本科学位。

早年的希尔斯，可谓出道不利。25 岁成为新泽西一家叫作

① 本节内容选编自《意愿经济：大数据重构消费者主权》（多克·希尔斯，电子工业出版社 2016 年 2 月，推荐序：穿越思想的雾霾，第Ⅰ—XⅥ页）。

“今日维恩”小报的编辑和摄影记者，后来在北卡莱罗纳州杜克大学的一个广播电台做 DJ 和编辑工作。他名字中的“多克”这个昵称，就来自做电台 DJ 的经历，名为“戴夫博士（Doctor Dave)”，后来干脆将 Doc 作为中间名，使用至今。希尔斯的照片拍得很棒，4 万多幅摄影作品，是劳伦斯 · 莱斯格（Lawrence Lessig，1961 年 6 月 —　）倡导的 CC 共享版权（Creative Commons）的超级支持者。

1976 年 30 岁的希尔斯被单位解雇，从此 10 多年没有稳定的工作，四处打零工，甚至“在房东的锯木厂干活儿”。1978 年到 1998 年的 20 年里，希尔斯奔波于硅谷和北卡之间，跟朋友成立了一家公司叫 HS&S，自己既做自由撰稿人，又卖广告，做代理、公关、咨询，其后不久，又组建了自己的公司，名头很大，叫“希尔斯集团”。

就在奔波于硅谷和北卡之间的 20 年里，希尔斯成为电脑和互联网的深度发烧友。1994 年，希尔斯凭借对自由软件、开源运动的敏锐洞察，加盟当年创办的著名杂志 *Linux Journal*，后担任特约编辑和高级编辑。希尔斯在这家杂志开设了“套装 Linux”专栏，一直到 2007 年。2005 年，希尔斯获得开源软件领域的“谷歌—奥莱利”传播大奖。

2006 年，年届 60 岁的希尔斯，受邀成为哈佛伯克曼互联网与社会中心的研究员，终于可以走进学术殿堂，开始系统整理他过去三十年的思考，潜心研究他自己酝酿多年的一个项目，叫作 VRM（商家关系管理）。同年，希尔斯还成为加州大学圣巴巴拉分校信息技术与社会中心（CITS）的研究员。在 CITS，希尔斯的研究方向，集中在“作为公共基础设施的互联网”，他正在撰写自己的第三本书，名字叫作 *The Giant Zero*（巨大的零）。在 2015 年 6 月的一篇博文中，希尔斯透露了这本书的主要思想：认为互联网好像一个“中空的三维空间”，所有的一切连接，都将是“零距离”的。

在伯克曼工作 6 年后，希尔斯的研究成果，就是眼下这部著作，以及在伯克曼互联网中心网站上，长长的博客文章和近百个实践项目资源列表。

希尔斯是一位美国 IT、互联网圈内广为人知的博主，过去的几十年里，他写了太多的文章，拍摄了太多的照片（很多照片被各大媒体和机构引用），干了太多的事，操了太多的心，于是在自己的博客中，他风趣地为即将年满 70 岁的自己，撰写了墓志铭：“一世操劳，一了百了（He was almost finished）。”

这里不厌其烦地介绍希尔斯看似平淡的履历，固然是因为希尔斯不太为人熟知，关于他的资料也凤毛麟角。除此之外还有两个用意：其一，互联网商业化 20 年来，可谓“江山代有才人出”，但对中国人来说，多少留下了一点扭曲的印象，就是以为这些英才都是“Duang 的一下”冒出来的。特别不了解数十年互联网发展史的年轻人，在创新创业的实践中，总会或多或少地寄希望于“独门秘籍”之求索、“一剑封喉”之招数。希尔斯的讲述，会把观察互联网的视角，从喧嚣的拳脚功夫中移开，带给人平淡、绵长，但处处闪烁着“底层思维”光芒的历史感、通畅感。这正是我喜欢的。

其二，希尔斯在自己的著作中，曾谈到一些早年间的故事，比如Linux[①]和Windows[②]之争、电信与互联网之争，他作为亲历者娓娓道来，读者可以由此了解对“消费者”这一“百姓日用而不知”的概念，花费了多大的心思和气力。重新认识消费者，也不是“Duang的一下”就横空出世的，它有一个漫长的潜伏、孕育的过程，了解这一点，方可较为准确地把握这部书的精思之笔，以及与当代商业社会妥协、平衡的睿智之处。

猎人和猎物

“请问，您需要什么？”

“随便看看。”

这一对话场景可谓司空见惯、随处可见。

“随便看看”，听上去轻描淡写，实则是消费者对“买卖关系”发自心底的下意识反应，是横亘在对话者之间一道无形的高墙。这一对话场景，其实也说明，商家和消费者之间的关系，长久以来被固化为猎人和猎物的关系了。不管商家脸上笑容多灿烂，他都是猎人，而消费者永远是“待宰的羔羊”。工业时代商家和消费者这种关系，已经深深刻印在消费者的大脑深层。用希尔斯的描述，消费者与商家，是“母牛和牛犊”的关系。

---

① Linux操作系统是一个免费的、类似Unix的独立操作系统，它能够运行在X86、Motorola68k、Digital Alpha、Sparc、Power PC等机型之上。有人形容Linux为“一个世界上最大最齐全，又是完全免费的软件超级市场”。资料来源：中国移动通信联合会编，李进良、倪健中主编：《信息网络辞典》，东方出版社2001年版，第168页。

② Windows操作系统，视窗操作系统，美国微软公司于1983年研制的运行于IBM PC及其兼容机上的一种多任务图形用户界面操作系统。资料来源：白英彩主编：《英汉计算机技术大辞典》，上海交通大学出版社2001年版，第1976页。

在商品琳琅满目、促销狂轰滥炸、消费者与受众“娱乐至死”的消费社会[①]里，希尔斯毫不留情地将这种用会员卡、里程积分、优惠券捕获锁定消费者的所谓“选择自由”称作“伪自由”，即“选择你被谁俘获的自由”。

希尔斯写道，“我们都是带着品牌烙印游荡的小牛”，“每一头母牛都认为你是她的小牛，希望给你打上品牌烙印”，“母牛—牛犊”的生产方式就是互联网上封建秩序的体现。

进而，商家绞尽脑汁地使尽浑身解数，用更加细致的“消费者画像术”（比如大数据推荐算法），用更加精准的广告投放术（如智能移动终端的 RTB，实时竞价），用纷繁复杂的套餐、打折、促销、定制的花招，“让你有占便宜的感觉”，让你不停地“尖叫”，以期获得“尖叫效应”。

消费者以为“我能”，以为“我的地盘我做主”，但实际上在商家看来这一切都不重要，重要的是“只要你买！”

这种景象丝毫不新奇，你我都已深陷其中，久居其间不觉其味。令人深思的是，消费者自己似乎越来越习惯，并乐此不疲，仿佛罹患“斯德哥尔摩综合征”的患者，试图不停地在购买、消费、“剁手”中抓住存在的意义，践行“我买故我在”的真理。

希尔斯将这种状态，称作“圣三一模式”：“超过一百年来，大规模生产、大众营销和大众传播构成了美国圣三一模式（Holy Trinity of American）”。

---

① 消费社会是指生产相对过剩，需要鼓励消费以便维持、拉动、刺激生产。在生产社会，人们更多关注的是产品的物性特征、使用与实用价值。在消费社会，人们则更多地关注商品的符号价值、文化精神特性与形象价值。资料来源：MBA 智库百科 http：//wiki.mbalib.com/wiki/ 消费社会，2015-03-31。

“走进客户的心”，这是20世纪60年代市场理论掀起营销革命，关注消费者行为的时候，广为流传的一句真经。但是，伟大的彼得·德鲁克（Peter F. Drucker，1909年11月—2005年11月）在去世之前的一次采访中黯然承认，“这依然是一个伤感的神话”。

“消费者”，一个脏词儿

希尔斯浸淫开源软件界20年，从开源软件和商业软件纠缠争执的20年间，他深知秉持NEA原则（Nobody owns it，Everybody can use it，Anybody can improve it）的开源软件界，其实面临多大的挑战。所谓“NEA原则”，即一款软件没有人拥有它、所有人都可以使用它、任何人都可以改进它。

基于这种认识，他深知，“消费者”也被玩坏了。

借Craig Burton之口，他说，“我们之所以发明了C-S这个词汇，是因为我们不想称其为主人—奴隶”。网络系统的体系架构，在很长一段时间里被称作“客户机—服务器（C-S）”模式。技术专家、商业领袖和绝大多数消费者以为，这是不言而喻的。这个世界需要“服务器”，所有的消费者都是“用户”“客户”。服务器负责给客户提供服务，客服负责提交服务申请，提出服务需求，然后就埋头消费。“点菜—吃饭”，对消费者来说，消费世界的逻辑就这么简单。

法兰克福学派的重要人物之一赫伯特·马尔库塞[①]（Herbert Marcuse，1898年7月—1979年7月），在1964年出版的《单向度的人》里指出，“受众”和“消费者”这种词儿，是消费社会中一帮人强加给另一帮人的结果。这帮人自认为是先知先觉者、成功人士，可以把一种关于这个世界的“心理无知”强加给另一帮人，给后者塑造生活模式和样板。这是一种“霸权行径”。

在这个意义上说，“消费者”是一个脏词儿。

消费者、受众，从来都有自己的主张和主动性。但在消费社会的整体结构中，消费者这一身份很不幸是“被赋予”的。它从一开始就用两分法为商品社会、市场主体定格，为买卖双方定性，为消费者行为定调。

希尔斯在书中列举从二战期间至今的若干种出版物，来说明挣脱“消费者”这个脏词儿的努力，有多么艰难。

比如，1943年弗里德里希·凯斯勒（Friedrich Kessler，1901年8月—1998年1月）教授在《哥伦比亚法律评论》杂志发表《服从契约》一文，认为大机器、流水线、大规模工业资本主义的生产逻辑，内嵌地催生了资本主义消费逻辑，大量使用的格式合同、模版合同就是明证。在这些格式合同中，消费者是没有面孔的社会平均人，所谓合同只是某种消费者向买家拱手称臣的“服从契约”。

---

① 赫伯特·马尔库塞，德裔美国哲学家、社会学家，法兰克福学派代表人物之一。马尔库塞早期较偏重于对西方社会的文化分析，晚期著作则较多分析晚期资本主义福利社会的问题，抨击当代科学技术高度发达的资本主义工业社会的种种弊端，并强调采取具体的政治行动，从而给60年代西方学生运动和“新左派”提供了理论基础，同时，也对西方马克思主义人类学产生了深刻的影响。资料来源：陈国强主编：《简明文化人类学词典》，浙江人民出版社1990年版，第33页。

在今天的各色互联网服务协议中，人们仍然不难看到这种“同意后使用”“使用即同意”的冷面孔服务条款。

1954年，德鲁克就提出了知识工作者的概念；1956年，威廉·怀特（William Whyte，1917年10月—1999年1月）在《有组织的人》中，讨论了白领阶层如何出卖自己的灵魂成为组织成员，“组织人”看上去光鲜亮丽，但在科层金字塔中，他们日益成为毫无个性、毫无个体意愿、组织机器中的“标准部件”。

20世纪70年代微电子技术兴起和80—90年代互联网崛起，情况不同了。希尔斯列举1973年丹尼尔·贝尔（Daniel Bell，1919年5月—2011年1月）的《后工业社会来临》，1980年托夫勒的《第三次浪潮》，1982年奈斯比特的《大趋势》，以及1990年托夫勒的《权利的转移》，1991年麦肯纳（Regis McKenna）的《关系营销：客户时代的成功战略》——所有这些著作，都以里程碑的状态，书写着漫长的，对于消费者的“认知之旅”。

擦掉100多年来沾染在“消费者”这个脏词儿上的污垢，并不容易。因为这并非是一种困难，而是某种困境。困难，是指迈向目标之前的坎坷、挑战。困难毕竟还是有目标的，目标是清晰的。困境则不然，困境意味着目标本身也是一个问题。

公平地说，“消费者”这个词汇，在资本主义大生产初期，还充满着朝气蓬勃的意味。巴尔扎克[1]（Honoré de Balzac，1799

---

① 法国著名作家。他把人类社会看作一个大舞台，把人们的生活比作一部喜剧，无情地抨击了当时的社会。在写作上，通过2400多个人物，展示了19世纪上半叶整个法国社会的生活画面。他以现实主义的态度进行创作，被称为现实主义和自然主义小说的创始人。资料来源：孙鼎国、王杰主编：《西方思想3000年》（上），九洲图书出版社1998年版，第45页。

年 5 月—1850 年 8 月）有句话叫“眼睛的盛宴”，用来形容琳琅满目、目不暇接的商品世界。物质产品的极大丰富和日益便捷、繁荣的消费景观，既是创造财富的新教徒精神的体现，又是社会进步的直接度量。然而，当生产型社会进入消费型社会之后，事情日益走向了它的反面。

法兰克福学派的创立者西奥多·阿多诺[①]（Theodor Wiesengrund Adorno，1903 年 9 月—1969 年 8 月）有一本书，叫作《启蒙辩证法》，他认为，伴随工业资本主义进入“丰盛时期”的文化工业，就是消费社会渗入文化肌肤的恶果。我们深陷于消费受控的科层社会。文化工业就是一场骗局，它的承诺是虚伪的，它提供的是虚假的、可望而不可即的快乐。消费社会已经不再是小国寡民时期，完全自需自取自用的简单消费循环，变成了无休止扩张状态下的受控状态。

前面提到的《单向度的人》一书的作者马尔库塞，是法兰克福学派的主要干将。他提出了两个观点：一个是他认为，科技和资本的合谋产生一种虚假繁荣。第二个，他提出工业社会本质上是一种单向度的社会，人被物役，为物驱使。

韦伯（Maximilian Emil Weber，1864 年 4 月—1920 年 6 月）也是如此。韦伯分析资本主义内在困境的说法，被称为“韦伯悖论”，即一方面生产代表着科技力量的释放，似乎是创造着越来越多的财富，创造日益丰富的物品，但另一方面这种丰饶的商品

---

① 西奥多·阿多诺，德国哲学家、社会学家、法兰克福学派的主要代表人物之一。阿多诺的思想主要受新黑格尔主义和存在主义的影响，直接来源于霍克海默的“批判理论”。资料来源：程志民、江怡主编：《当代西方哲学新词典》，吉林人民出版社 2004 年版，第 1—2 页。

世界，又反过来奴役和主宰了人的精神。

1999 年 4 月，多克 · 希尔斯、Fredrick Levine、Christopher Locke、David Weinberger 合著的 *The Cluetrain Manifesto*：*The End of Business as Usual* 一书，模仿 1517 年新教改革家马丁 · 路德（Martin Luther，1483 年 11 月—1546 年 2 月）挑战天主教的“95 条论纲”，列举了现代商业社会的种种内在缺陷，书写了“终结商业思想”的“95 条线索”。

在这新的 95 条论纲中，赫然位列第一条的，便是：“市场就是对话（Markets are conversations）”。

从交易到交往

从 1995 年到 2000 年这短短 5 年间，伴随着互联网第一波商业狂潮的，是一大堆 .com 公司令人眩晕地上演了一出直冲云霄又堕入谷底的大戏。口号都是对的，什么“无摩擦经济”“去中心化”“扁平化组织”“个性化定制”等。那个年代，互联网第一波商业领袖们喊出的战斗口号，直到今天依然有用。但是，为什么他们失败了？

原因有很多，但恐怕最重要的一条就是：当年的互联网思想依然基于工业思维。基于工业思维，就会将互联网仅仅当作再一次把商家武装到牙齿的工具，其用途仅仅是大大提高交易效率、铲除中间环节，以及大幅度提升消费者“惬意消费”的舒适度、便捷度和满意度。

这种思想认识，直到今天依然不乏其信徒。

但风向注定要发生重大的转移。这种转移，用库恩的话说，叫作“范式转移”。

以交易为焦点的市场视野，其经济学无论如何，超脱不了亚当·斯密的经济学。不管是古典的、新古典的、制度的，还是新制度经济学。这些基于工业思维的经济学，是建立在“自私、稀缺、理性或有限理性”基础上的。这种假设正在发生深刻的变化。

2010年，我在参加一次有关电子商务支付问题的研讨会上提出，支付需要考虑的并非仅仅是“交易的电子化、网络化”，而是潜藏在交易行为背后的消费者意愿的问题。我把这个问题戏称作：如何解决“有钱难买愿意”的问题。

交易的实质，不只是“赚钱”，而是“赚爽”。

传统经济学、传统商学的瞄准镜，始终盯在交易上并不离左右，这一状态已经不适应今天的互联网、移动互联网、社交网络的基本环境。如果勉强使用“消费者”这个脏词儿的话，商家需要清醒地意识到，重要的不是与消费者的“交易时刻”，重要的是消费者自己的“起意时刻”。消费意愿，这才是问题的关键。

多克·希尔斯不是一个夸夸其谈的理论家，而是深受开源软件运动熏陶的实干家。2006年他受邀担任哈佛伯克曼互联中心的研究员之际，在心里酝酿已久的VRM项目也就扎扎实实运作了起来。

VRM（Vendor Relationship Management，商家关系管理）与传统的CRM（客户关系管理）恰好分别代表市场之两端，即消费者和商家。希尔斯认为，传统CRM只是消费者的“绞肉机”，这不行。需要有站在消费者立场的“代言人”，这个代言人听命于消费者自己，这就是 VRM。

这是一个全新的关系图谱。希尔斯并没有一味地批判商家“绑架客户”的种种劣行，他理解并体谅这一点；他的贡献在于，为消费者打造一个可以与生产者、商家“势均力敌”“等量齐观”的智能代理。这一智能代理可以充分抵挡来自传统商业活动无所不在的信息轰炸、促销推广的骚扰，可以将控制权、选择权、自主权真正交还给消费者自身，可以促成买家与卖家的真正意义上的“对话”。

这是一种全新的市场格局，我称之为“从交易到交往”的转变。

从 1999 年希尔斯提出“市场就是对话”至今，“对话”这一概念的含义不断深化，从商家带消费者玩儿，已经转向消费者自己玩儿。Airbnb、Uber、滴滴、罗辑思维等就是鲜活的例证。

从交易到交往，表面上看是商业模式、商业组织理论、消费者行为的一种变化，实质上是经济学和社会学关系的变化。1985 年美国社会学家马克·格兰诺维特（Mark Granovetter，1943 年 10 月—　）提出的“镶嵌理论”，指出了这一点。

传统经济学认为自己比社会学更基础，社会学研究需要置于经济学之上才行。也就是你先得把生产力、生产关系搞清楚，你才可能把社会阶层、社会团体、组织关系，以及家庭、个人、社群的运转方式搞明白。社会学是经济学研究的一个子集。人际关系、人际传播、群体动力学等问题的解释，绕不开人的生产、物的生产和交易，绕不开对人性自私、资源稀缺的假设。这是长期以来经济学凌驾于社会学之上（或者说经济学自认为比社会学更“基础”）的状况。

这个状况带来两个问题：其一，社会学往往“被迫”去研究价值观、文化、组织形态、管理变革等宏观的话题，社会学没有，也不需要对人性做出更多的假设［这一假设已经由经济学做出了。当然 17 世纪英国哲学家托马斯·霍布斯（Thomas Hobbes，1588 年 4 月—1679 年 12 月）的“所有人对所有人的战争状态”的性恶假设，与古典经济学是一致的］。其二，是社会学被压缩到研究结构与行为的话语场，但缺乏对结构和行为的描述工具——除了法国社会学家孔德 200 多年前确立的牛顿力学方法和统计物理方法。

格兰诺维特的镶嵌理论把这个问题颠倒过来了。他认为，社会网络不但是社会学问题的基础，还是经济学问题的基础。镶嵌的意思就是说，经济行为是嵌在社会网络中的。人的关系、连接，是看待结构与行为问题的基础。顺便说，格兰诺维特还是“弱连带”“结构洞”思想的提出者。

交易行为的重要性被交往行为所取代，意味着传统经济学的立足之本受到了根本的挑战。希尔斯在这部著作中也隐含地指出了这一点。他所倡导的 VRM，是独立于传统第三方商家服务的第四方服务，它具备可替代性、独立性、表达意愿、参与管理四个特征。在希尔斯看来，这种完全脱离了传统商业思想、传统经济学的新商业生态才刚刚开始。用他的话说，就是“如果让顾客领舞，市场中就有更多舞蹈，更加活跃了”，“企业应该是与消费者共舞，而不是踩在消费者身上跳舞”。

消费意愿：一个值得深入研究的题目

2014 年夏季，一家研究机构找我，询问是否有意向申报一个共性课题。思考再三，我提出了一个研究题目：后电商时代——消费“意愿”的结构、特征、行为与度量。

当时提出这个题目，基于这样三点考虑：

第一，SoLoMo（Social-Local-Mobile）之后，电商步入新的发展阶段——后电商时代。后电商时代的三个主要特征是：从占有到分享（Shareconomy，分享经济）；产消合一（Prosumer，即消费者同时也是生产者）；社交商务和移动商务的崛起（Social Business & Mobile Business）。后电商时代，需要将交易行为纳入社交网络的框架下重新思考，需要深入挖掘生产者、交易者在大量交流、交易、沟通过程中，消费意愿的形成、聚集与传递机制。

第二，消费意愿是互联网背景下消费者研究的焦点、难点。消费意愿，并非欲望驱使下的消费需求；而是与消费心理预期、社会互动环境、文化生态密切关联的复杂心理活动。在社交 / 交易环境下，消费者意愿表达所呈现出的“意向性活动”，作为内心需求对外界的投射，揭示出消费者认知结构、认知行为的隐性特征。信息时代如何理解人的消费意愿，将充分揭示物质与精神需求满足的交叉点，也是解开“爽”(Flow)[1]的深层结构的重要途径。

第三，后电商时代需要建立全新的认知框架，理解充分连

① 美国芝加哥大学心理学教授米哈伊 · 奇凯岑特米哈伊在《创造性》一书中提出“Flow”概念，他将“Flow”定义为“最理想的满足与从事经验”。

接、交互、协作的网络结构下，积极的、主动的人性（如消费意愿），在交易、交往的复合网络中呈现出何种行为模式，并以何种可观察的方式测量、表征，是理解后电商时代新消费者的重要框架。

提出这个题目之后，得到阿里研究院、阿里巴巴商学院、北京师范大学系统科学学院、复旦大学管理学院、浙江大学等多所机构多位老师的积极响应和支持，迄今已经组织了若干次小型的学术研讨会。不过，这无疑是一块非常难啃的硬骨头，因为它需要做跨学科的深度思考和研究，比如从意向性哲学内心体验的角度，认知心理学的角度，社会学（及社会生物学）群体性、结构动力学的角度来思考，也需要从网络科学、认知科学、传播学与组织行为学等的角度来梳理。

此外，这还是一个需要在学术纵深有所突破的领域，需要有突破创新的思维。互联网向传统学科的学理基础提出严峻挑战，无论哲学、心理学、社会学、经济学，还是网络科学，都需要对该学科领域的基本假设、基本原理、思维框架做双重审视：一则需要批判该学科领域中沉寂、固化的工业思维痕迹（诸如还原论、两分法和确定性）；二则需要细心捕捉整体性、系统性和不确定性的思维特制（诸如复杂性、自组织与涌现），并努力发现融会贯通之道。

无论如何，我觉得这都是理解互联网背景下的新商业理论、新经济理论的重要组成部分，期待有更多的学者参与进来，深入钻研、交流协作，也期待更多的企业家一道从实证角度共同研究。

一起穿越思想的雾霾。

08 解放思想[①]

当我写下这个题目时，自己也不禁哑然失笑——多么熟悉的四个字啊！这篇谈论库兹韦尔新书的小文，怦然涌上心头的标题，竟是这样四个字。

不过，你完全可以把这个标题翻译成时下流行的另四个字：不明觉厉。

1928 年的某一天，加拿大脑神经外科医生彭菲尔德（Wilder Graves Penfield，1891 年 1 月—1976 年 4 月）正在给一位患者做手术。手术探针接触到了病人右侧颞叶的某个部位的时候，彭菲尔德小心翼翼地施加电流，刺激这个部位——奇迹发生了。病人仿佛看到了多年以前熟悉的画面，甚至“闻到了熟悉的味道”。

电流刺激大脑皮层，竟然“唤醒”了病人封存已久的记忆。25 年的持续研究后，彭菲尔德提出了“中央脑系统”学说，并

① 本节内容选编自《如何创造思维：人类思想所揭示出的奥秘》（雷·库兹韦尔，浙江人民出版社 2014 年 1 月，推荐序：解放思想，第III—X 页）。

因此被誉为脑神经科学的鼻祖。

美国哲学家普特南（Hilary Whitehall Putnam，1926 年 7 月—2016 年 3 月），在其 1981 年出版的著作《理性、真理和历史》中，将这一情景所引发的“思想实验”，描绘为“缸中之脑”。

普特南的思想实验，假想某个浸泡在营养液中的大脑，用细细的导线与躯干相连。大脑对躯体动作的意识，以及大脑发出的指令，通过导线双向传递——此刻，你会认为这还是一个生物学意义上的“人”吗？

“缸中之脑”的画面多少有点令人毛骨悚然。但不容否认的是，正是这一概念和彭菲尔德的实验，激发了大量研究者、科幻小说家的想象力。“赛博朋克（Cyberpunk）”也成为 20 世纪 50 年代人工智能萌发以来，科幻写作领域的新品种。大家所熟知的大片《黑客帝国》《盗梦空间》《源代码》等，无疑是这一领域震撼心灵的大作。提出赛博空间（Cyberspace）的加拿大小说家吉布森（William Ford Gibson）、创作《深渊》系列三部曲的著名科幻作家弗诺·文奇（Vernor Steffen Vinge，1944 年 10 月—　），都是这一领域的大家。

雷·库兹韦尔，正是这一行列中伟大的一位。

惊人的预言：库兹韦尔定律

库兹韦尔是一位个性十足的电脑“极客（Geek）”。当然，他还配得上“互联网思想家”“人工智能发明家”“预言家”等众多的耀眼称号。

17 岁时参加一个电视猜谜的节目，库兹韦尔的表演就技惊四座：他用电脑创作、合成了一首全新的乐曲《我有一个秘密》。他对电脑与人脑之间关系的思考，以及摆弄电脑和人脑的兴趣，一直持续到今天，并渐渐孕育成为一个惊人的定律：库兹韦尔定律。

库兹韦尔定律的内容，有点貌不惊人。它说的是“加速循环规律”，即信息科技的发展按照指数规模爆炸，导致存储能力、计算能力、芯片规模、带宽的规模急剧暴涨——如果只停留在这一步的话，库兹韦尔定律就真的貌不惊人了。

真正震撼的，是库兹韦尔基于他的这个定律给出的预言。在本书中，这些预言和结论主要包括：

✓ 2029 年，新一代智能机将通过图灵测试[①]（p. 153）；非生物意义上的人将于 2029 年出现（p. 186）。

✓ 大脑新皮质模型——思维的模式认知理论：人的大脑记忆是层次结构，有 3 亿多个“模式识别器”。（p. 25）

✓ 大脑新皮质的主要作用，是“模式认知”，具备“分层学习能力”。（p. 68）

✓ 人工智能并非复制大脑，只不过是达到对等的技术。（p. 54）

✓ 大脑新皮质的能力包括创造力、自信、组织能力、感染

① Turing Test，第二次世界大战时期因破解德军密码，而对结束大战有功的计算机先驱图灵（Alan Turing），于 1950 年设计出这项测试，认为如果一部机器与真人难分难辨，它就是会“思考”。资料来源：https：//newscienceview.blogspot.com/2014/06/turing-test.html，2014-06-11。

力、反对正统想法的勇气。（p. 102）

✓ 仿真大脑（核心是仿生新皮质）在改变世界过程中的地位越来越重要。（p. 160）

✓ “你必须有信仰。”（p. 192）

✓ 我个人的信仰飞跃是这样的：当其说出它们的感受和感知经验，而我们相信它们所说的是真的时，它们就真正成为有意识的人了。（p. 193）

✓ 判断一个实体是否有意识这一问题，本身就不科学。（p. 194）

✓ 自由意志的主要敌人：决定论。（p. 212）

✓ 进化创造大脑的主要原因是为了预见未来。（p. 232）

这里只摘取了 11 条预言和结论，不算多。2005 年在库兹韦尔的《奇点临近》（*The Singularity is Near*）一书中，为了阐述“奇点理论”，作者自己一口气罗列了 37 个要点。今天大家看到的这本书，不但是库兹韦尔对他数十年澎湃激荡的“思想狂想曲”的一次更加严密的阐述，也可以这么说：他比以往想得更明白了。

奇点：当计算机智能超越人类

最先提出“智能爆炸”这一概念的，是与冯·诺伊曼（John von Neumann，1903 年 12 月—1957 年 2 月）一起为曼哈顿工程工作的著名波兰裔美籍数学家乌拉姆（Stanislaw Marcin Ulam，

1909年4月—1984年5月）。1958年在乌拉姆与诺伊曼的对话中，有这样一句直击心灵的话："不断加速的科技进步，以及其对人类生活模式带来的改变，这些发展及改变，似乎把人类带到了一个可以称之为奇异点的阶段。在这个阶段过后，我们目前所熟知的人类的社会、艺术和生活模式，将不复存在。"[Tribute to John von Neumann，Bulletin of the American Mathematical Society，64（nr3，part2）：1～49]

"奇异点（奇点）"，这一数学史上的最高禁忌，成为学者们看待人类前景的一个绕不过去的术语。

什么是奇点？想想小学数学中，关于除法的一条戒律：除数不能为0。为什么？回答这一问题要等到大学课堂，高等数学讲到微积分的时候——即便如此，这时候的所谓明白，也只不过是再次确认这条禁忌。当一个形如"1/x"的函数，当x无限接近0的时候，这个函数的取值，将趋向无穷大。

这有什么意义吗？这是一个什么样的"点"？数学家讳莫如深。

当然，库兹韦尔只是把"奇点"当作一个绝佳的"隐喻"。这个隐喻就是，当智能机器的能力跨越这一临界点之后，人类的知识单元、链接数目、思考能力，将旋即步入令人眩晕的加速喷发状态——一切传统的、习以为常的认识、理念、常识，将通通不复存在，所有的智能装置、新的人机复合体将进入"觉醒"状态。

"觉醒"是科幻作家文奇使用的一个术语。1993年，文奇在美国NASA的一次研讨会上预言，50年之内技术奇点终将来临。

他将超越这一临界奇点之后人类（确切地说，叫新人类）的状态，描绘为“智能电脑的觉醒”“超人智能共同体的觉醒”“宇宙的觉醒”。

电子乌托邦、多维空间、星际旅行、平行宇宙、灵性智能体，花样繁多的未来想象，一直围绕着“奇点”“跨越奇点”展开——恰如你观赏科幻大片时的感受。

但这一次，貌似是真的。

是真的吗？

旧脑与新脑

喜欢人工智能的科学爱好者们，对图灵测试一定不陌生。电脑能否超越人脑？这一简单的问题，可谓萦绕在每一位深入思考的计算机科学家、计算机科学爱好者的心头。虽然也有人指出，图灵测试的提法或许并不准确，因为“它暗示了智能以及通常意义上的思维，都具有与人类行为无法分离的特征”。（见《心智、大脑与计算机：认知科学创历史导论》，哈尼什著，王淼等译，浙江大学出版社 2010 年版，第 203 页。）

但是，我们通常的思维，往往是将机器和人分开来看、来比较的。在库兹韦尔这本书里，需要扭转的正是这个“偏见”。

库兹韦尔看来，人工智能的关键，并非通过物理手段制造出媲美、超越人脑的“非生物性智能机器”。这条路行不通。他给出的方法简单有效：将人脑与电脑“嫁接”起来。（这听上去是不是有点像普特南说的“缸中之脑”？）

在本书中，库兹韦尔用 4 章的篇幅（第三章：大脑新皮质模型；第四章：人类的大脑新皮质；第五章：旧脑；第六章：卓越的能力），精心构筑了支撑他伟大预言的第一块基石。这块基石的目的，就是试图将大脑新皮质作为“新脑”的重要组成部分，与旧脑区别开来。

按照德国神经生理学家布洛德曼（Korbinian Brodmann，1868 年 11 月—1918 年 8 月）的大脑分区模型，人的大脑被划分为额叶、顶叶、颞叶、枕叶，以及边缘系统等若干区块。布洛德曼分区模型，已成为脑神经科学家研究不同大脑区域，与人的感知、语言、运动、情感、意识等生理 / 心理活动的标准参考模型。

库兹韦尔的分析也建立在这一大脑分区模型的基础之上。但是，他进一步借用美国神经生理学家蒙卡斯尔（Vernon Mountcastle，1918 年 7 月 —2015 年 1 月 ） 关 于“ 皮 质 柱（cortical column）”的发现（1957），对大脑皮质理论提出了自己的见解。他认为，神经生理学家和心理学家广泛采纳的“赫布（Hebb）假设”，即“神经元是大脑新皮质学习的基本单元”是不正确的。大脑中有 300 亿个神经元，它们参与学习、感知的基本单元是“皮质柱”，即“神经元的集合”。每个皮质柱大约包含 100 个神经元。而这样的“皮质柱”，被库兹韦尔称为“模式”。

库兹韦尔看来，奥秘就在这些从生理学上看是“皮质柱”，从心理学上看是“模式”的神经元集合当中。

哺乳动物的脑认知结构都呈现出“层次结构”的特点，这是具象感知到抽象思维之间得以顺畅转换的关键。大脑新皮质的生理结构，恰好也是这样的分层结构。库兹韦尔列举的大量研究成果证实，科学家对视觉皮质、嗅觉皮质的定向研究已经表明，在大脑皮质的分区、分层模型架构下，可以很好地解释外界感知、刺激—反应、联想、记忆等一系列生理—心理活动的内在机理。

但是，库兹韦尔发现，过去我们只是建立起了大脑皮质与生理反应、心理活动之间分层、分区的对应关系（当然，这一研究也远未达到完美的地步），却没有很好地解释这些生物信号、电信号是如何在层级模型的不同层级之间转换的。

这其实是脑神经科学中最奥妙无比的问题。

分子细胞水平的微小生物化学变化，如何与痛心的眼泪、惊恐的眼神、抽搐的嘴角联系起来？

库兹韦尔的大胆预言（未经证实的？），是将大脑新皮质（他称之为新脑）和大脑旧皮质（对应旧脑）区别开来。所谓旧脑，就是负责处理记忆、动作协调、嗅觉、视觉等感知系统，以及与新皮质保持联系。所谓新脑，则是语言、运动、空间、推理、知觉等高级功能。

在训练、学习和进化的过程中，新皮质无疑扮演至关重要的角色：识别模式、建立模式。

库兹韦尔认为，只有建立起这样的模式识别机制，才能真正处理纷繁复杂的人类大脑所面对的各种问题，特别是意识、情感、想象和创造力的问题。

做好这些必要的铺垫之后，库兹韦尔的惊人预言开始有了一个大致的轮廓：将先进计算技术构筑而成的“非生物性大脑新皮质”，与人类的大脑新皮质“对接”起来，创造无可限量的人类智能大爆发的可能，迎接“奇点”的到来！

这就是这部著作第七章（仿生数码新皮质）、第八章（计算机思维的 4 大基础）的主题。

“觉醒”：你准备好了吗？

当人造大脑新皮质可以制造出来的时候（库兹韦尔坚信这一点），这一“仿生大脑新皮质”就具备了媲美人类大脑的全部功能，甚至比人脑更加具有可塑性。比如说，你可以将其放置在云端，与遥远的人类生物大脑远程相连。

连接人脑和智能仿生大脑的技术，已经有了很多雏形，比如新型的核磁共振技术、脑波成像技术、弥散跟踪技术等。这些非侵入的大脑扫描技术，都可以扮演大脑信息双向交换的角色。

这一景象，其实已经在大量涌现的科幻作品中为人们所熟知。《黑客帝国》中的英雄 Neo，他的躯体浸泡在生物营养液中，但大脑却可以与一个叫作 Matrix 的超级电脑相连。人的意识、感知，都可以通过连线在人的肉身和超级大脑之间穿梭传递。

很自然地，人们除了不断追问“这是真的吗”以外，更担心这样的问题，“我是谁？”

比 2005 年写作《奇点临近》时思想更加成熟的库兹韦尔，在这部书里用“信仰”来回应这一悬疑。他把这种对“人脑与电脑相对接”所产生的伦理学、哲学问题，最终归之于“信仰的飞跃”。他在书中写道，“我个人的信仰飞跃是这样的：当其说出它们的感受和感知经验，而我们相信它们所说的是真的时，它们就真正成为有意识的人了。”（p. 193）基于这样的信仰飞跃，库兹韦尔声称，“判断一个实体是否有意识这一问题，本身就不科学。”（p. 194）

当然，为了应对来自四面八方的种种诘难，库兹韦尔还是花费最后两章的篇幅，非常严肃、认真地回答了“意识问题”“自由意志问题”“身心问题”等非常“硬”的哲学命题。他的回答，你未必完全同意，但这些睿智之思，却在不停地刺激着你的大脑皮层——这，正是这部书难得的价值。

作为一个俗人，在2013年阅读这本书的过程中，我总是忍不住想：库兹韦尔的预言会是真的吗？2029年，距离2013年还有16年的光景。虽然我们还无法想象库兹韦尔所说的16年后会怎么样，我们至少可以回忆当时的16年前——1997年的时候，世界网民数量7000万，中国互联网信息中心发布了第一份《中国互联网络发展统计报告》，中国网民才62万。2013年，全球网民达到了24亿，中国则接近6亿。

这一惊人的数字意味着什么呢？

按照文奇的说法，当你的智能手机或者你无法意识到的任何智能装置“觉醒”的时候，你——在哪里？在做什么？

现在，打开这本书，经受一次库兹韦尔式的“信仰飞跃”，为这场注定来临——未必是库兹韦尔预言的那样——智能风暴，做好“解放思想”的预热吧。我相信，你一定会同意这一点：库兹韦尔语境下的“思想解放”，绝非是一句可以呼喊的口号，它扎扎实实地把你的大脑新皮质和超级电脑、云端、脑神经网络、隐性马尔科夫模型、大脑等联系在了一起。

想到这里，我还真有点儿隐隐的脑仁儿疼。

09 科技的呼吸与脉动[①]

知道亚洲象会用长鼻子卷着枝条拍打蝇虫，也知道寒武纪曾有动物种群的大爆发，这叫知识。

盯着岩蚁的窝，看着忙忙碌碌的工蚁搬食物，赞叹这精灵的神奇；望着燕子口衔虫儿给雏燕喂食，心里涌过一阵阵暖意，这叫情感。

穿越数十亿年时空，想象夜幕中飘落的微尘，或许是千年沧桑的遗迹；掩卷长思，跳跃的音符总能激活大脑某个部位的颤动，冥想于“我是谁？”“我从哪里来？去向何方？”，这叫智慧。

凯文·凯利的这本新书《科技想要什么》[②]，既富含知识，又充满激情，更富有智慧。

1952 年，凯文·凯利出生于美国宾夕法尼亚州，1971 年在罗德岛大学（University of Rhode Island）念书一年后即辍

---

① 本节内容选编自《科技想要什么》（凯文·凯利，中信出版社 2011 年 11 月，推荐序：科技的呼吸与脉动，第Ⅴ－Ⅸ页）。

② ［美］凯文·凯利：《科技想要什么》，中信出版社 2011 年版。

学，后成为自由摄影师。

20 岁至 27 岁间，凯文·凯利远足亚洲，在日本、韩国、中国台湾、菲律宾、泰国、缅甸、印度、斯里兰卡、巴基斯坦、孟加拉国、尼泊尔、阿富汗、伊朗等地游历。27 岁，在耶路撒冷，凯文·凯利经历了一次神奇的体验，他觉得自己的寿命只有 6 个月，于是孝顺父母，广为布施，看望亲友，然后在万圣节之夜“死”去。

回到美国后，这个在精神上经历过一次“死亡”的人，骑单车跋涉 5000 英里，横穿整个美国，体验生命的光辉。

在接下来的 30 年里，他用自己的方式热烈拥抱着这个飞速发展、眼花缭乱、日益技术化的世界，用自己独到的眼光和智慧，在思想光辉的尽头、在人迹罕至的边疆，发掘着暗藏在强大技术力量背后的生命之音。

1981 年，凯文·凯利创办了自己的杂志《步行》（*Walking Journal*）。他曾是《全球评论》《信号》《全球概览》的编辑和重要的撰稿人，他的文章在《经济学人》《纽约时报》《时代杂志》《科学杂志》等重量级媒体上广受赞誉。他参与创办的全球电子链接 WELL（Whole Earth eLectronic Link）迄今仍然是最具人气、最有智慧的社区之一。

1999 年，著名导演沃卓斯基（Wachowski）在拍摄大片《黑客帝国》（*Matrix*）时，凯文·凯利的著作《失控》（*Out of Control*）曾被指定为全体演职人员必读的三本书之一。

他是一位思想的行者。

科技元素与第七王国

20 世纪无疑是科技大发展的世纪。电报、电话、电视、电脑的快速普及，卫星、航天飞机、宇宙飞船的飞速发展，抗生素、基因药物、化学合成制剂的大量发明，高速公路、铁路、大型客机的广泛使用，还有数不清的科技产品、科学发现成为人们日常生活随处可见的元素，渗透在各个角落。

科技已经包围、席卷了人的工作与生活。

对科技产品的赞叹和恐惧，交织在一起，成为现代人普遍的心理情结。长期的大众传播和科学教育，在面对这种两难困境时，往往表现得束手无策。或者把批判的目光指向操纵科技背后的“利益之手”，或者将空泛的进步理念寄托在未来更高、更快、更强的科技发明。

无论哪一种，都有一个共同的认识：科技是外在于人而存在的，科技只是人的产物，是工具；人可以并且应当驾驭它。

凯文·凯利的这部书，试图颠覆这种定见。

在他看来，与人类共同进化的、被称作“科技元素”的这支力量，并非是晚近数百年、几千年的产物，而是伴随着生命演化数十亿年的整个过程。

在漫长的生物进化过程中，猿人、智人和现代人与环境的关系、与外在世界的关系，其实无一不与“科技元素”的酝酿、发育、演化有关。

这个除微生物、菌类、植物和动物的“第七王国”，貌似拥有了自己的自主进化能力，孕育出自己的倾向性、组织性和活力，与生物界和人类交织缠绕、共生演化。

“保持差异的努力与熵的拉力之间的斗争，创造了自然界的奇观”（p. 42），这种从物理学底层获得的启示，预示着“进化，乃至科技元素，遵循由物质和能量的本质决定的固有方向”（p. 65）。

这一“固有方向”仿佛有意地将生物引导到一个高度复杂的、精巧的方向，比如眼睛、翅膀、双足、回声定位系统，以及蚂蚁、蜜蜂、啮齿动物和哺乳动物的互助行为。更重要的是，这种“趋同进化”是跨物种的。

承认科技发展仿佛有固有的“方向”，第一眼会被视为“拟人”的写作手法。

的确，这部伟大著作中，随处可见这种“拟人”的手法。但是，细细体察凯文·凯利的良苦用心，你会觉得并非这么简单。

那种认识到科技已经显露出“自己的倾向性”的人，极有可能像泰德·卡钦斯基（Ted Kaczynski，1942 年 5 月—　）（见第 10 章）一样，对科技侵蚀、奴役这个世界抱有深切的反感。然而，卡钦斯基无疑是彻底拒绝技术的极端典型。

与卡钦斯基试图终止科技进程的鲁莽做法不同，阿米什人（见第 11 章）有选择、有节制地运用科技元素，通过集体的选择方式，最大限度地适应科技的进化节奏，仿佛是另一种深刻的隐喻：科技带来的种种负面效应，或者灾难，往往是人的局限所致。

但是，凯文·凯利的思考，并未就此止步。

科技想要拥抱生命

海德格尔（Martin Heidegger，1889 年 9 月—1976 年 5 月）对技术的批判理论，以德国哲学特有的思辨精神，指认出科技背后“异化”自然、异化人的力量，认为这个世界充满悖谬：科技显示着人的智慧，同时也放大着人的贪婪；科技在逼索自然呈现、展示更多的内在元素的同时，也在将人逼进一个冷峻的“座架（Gestell）”。

海德格尔认为，这种貌似宿命的技术现实，本质上是人所无法控制的；但获得拯救的机会也恰在于此：“救渡乃植根并发育于技术之本质中。”

与海德格尔思想异曲同工的是，在凯文·凯利看来，这种势不可挡的力量，并非简单地将科技划分为“好的”和“坏的”就可以安枕无忧。

嵌入到人的认知和行为间，无法剥离的“科技元素”，仿佛与人拥有同样的心跳和呼吸，它想要冲破重力、混乱、混沌的束缚，寻求最大的表现力和生命力，它表现出的组织活性、亲和力，需要人仔细倾听，细心捕捉，并与之共舞。

比如复杂性，科技元素的复杂性在提高，但更重要的是“各种技术血液中被添加了信息层，经过重组用于更复杂的产品”（p. 178）。

比如多样性，多样性往往是杂乱无章的另一种说法，但“多样性提高是健康的征兆”（p. 186）。

比如自由，凯文·凯利指出，自由的含义并非可以率性而为，而是“选择的自由”。

在凯文·凯利看来，“科技元素向共生性的发展推动我们去追逐一个古老的梦想：在最大限度上发挥个人自主性的同时，使工作集体的能力最大化。”（p. 202）

在他的眼里，“网络就像你的情人”，“科技元素准备操纵物质，重组它的内部结构，为其注入感知力”（p. 211）。

总之，科技想要拥抱生命，想要进化、想要秩序、想要充满神奇与力的未来。

凯文·凯利被誉为赛博文化（Cyberculture）的先知和游侠（Maverick）。然而，从这本书里试图寻找任何确定性的答案，都是徒劳的。

凯文·凯利的思想精髓在于：用生命特有的眼光，注视那些外在于个体的一切事物，不把它们看成是“死寂”的、无生命的，而是按照生命特有的脉动，与这个世界一同呼吸，积极投身于这个世界无穷的博弈中，拥抱生命，感受生命。

用全新的视角体察生命，把科技元素尽括其中：与科技结缘，这就是启示。

与科技结缘的新型“人—技关系”，借用荷尔德林（Hlderlin，1770 年 3 月—1843 年 6 月）的诗句，是这样一幅画面：“充满劳绩，然而人诗意地，栖居在这片大地上。”

Part 3 互联网的灵性复归

伴随“信息高速公路”，互联网在全球范围内席卷我们人类的商业活动和日常生活，从宗教到文明演化，从数字化到生存，重估互联网的灵性价值，最终它的复归也决定着人类认知重启的迫切性。

10 刻在骨子里的神灵[①]

尼古拉斯·韦德（Nicholas Wade，1942 年5月— ）的“人类进化三部曲”中文版，终于出齐了。它们是——《黎明之前：基因技术颠覆人类进化史》《天生的烦恼：基因、种族与人类历史》，和眼下您手里这本《信仰的本能：人类宗教进化史》。

基因、人类、进化与信仰，这几个词显然不是这几年才热起来的。比如“基因”这个词语首见于1909年丹麦遗传学家约翰逊（W. Johansen，1859年—1927年）的《精密遗传学原理》（*The Elements of an Theory of Heredity*）一书。“人类”这一词语，如果用类型学角度看，应归功于瑞典博物学家林奈（Carl von Linné，1707 年 5 月—1778 年 1 月）1735 年提出的关于植物、动物命名的“双名法”。“进化”，则因英国生物学家达尔文（Charles Robert Darwin，1809 年 2 月—1882 年 4 月）1859 年出版的《物

① 本节内容选编自《信仰的本能：人类宗教进化史》（尼古拉斯·韦德，电子工业出版社 2017 年 7 月，推荐序：刻在骨子里的神灵，第Ⅳ－ＸⅤ页）。

种起源》风行世界。信仰，这个词难以追溯词源学意义上的出处，但从传说中形成于公元前10世纪—前8世纪的《荷马史诗》和编撰于公元前1500年前后的《埃及亡灵书》中，已经或多或少可以感受到人类对冥冥之中神灵的敬畏、虔信和膜拜。

令人好奇的是，这些年——很难说从哪一年开始，悄然出现了这样一股思潮和冲动：重读、重思，乃至重新诠释这些耳熟能详，凝固在教科书中的词语。

这背后透着什么样的觉醒，抑或忧虑？

1987年1月，在英国《自然》杂志上有一篇重要的论文，作者是美国进化生物学家阿伦·威尔逊（Allan Wilson，1934年10月—1991年7月）和他的两个学生（Rebecca Cam ，Mark Stoneking），论文的题目是《线粒体DNA和人类进化》。

这篇划时代的论文，彻底转变了人类学的研究方向。率先从古人类化石中提取出DNA的英国牛津大学人类学教授布莱恩·赛克斯（Bryan Sykes，1947年9月—　），将依据这一方法做出的人类学研究成果，形象地称作“夏娃的七个女儿”。

在人类与他的灵长类远亲分道扬镳的旅途中，在寒冷的冰河期与温暖的间冰期，人类先祖穿越中非大峡谷抵达尼罗河三角平原，辗转来到两河流域、爱琴海周边，又长途跋涉远赴恒河、南亚，来到黄河岸边的一次又一次迁徙中，有太多的疑问需要回答，太多的谜底需要揭开。

考古学、地质学、人类学从此有了一个强有力的、精准度大大提高的工具：DNA。在《黎明之前》这部书中，韦德写道：有DNA这个工具在手，我们可以为达尔文所预见的框架添砖加瓦。

萦绕在人类脑海中数千年的问题，又一次涌上心头：传说中的伊甸园在非洲，还是在美索不达米亚？人的体毛是什么情况下褪去的？意义何在？是什么催生了语言？第一拢篝火、第一爿篱笆墙、第一处村落如何形成？人类又如何走向定居生活？定居意味着什么？

原始部落中的财产、婚配、祭祀、舞蹈、音乐，是何种形态？它的生发机制和文化寓意是什么？群体如何形成？维系族群秩序的凝聚力，是先天的还是后天的，抑或二者兼有？又如何发挥作用？发挥何种作用？基因，基因的遗传、突变、嫁接，如何扮演人类进化道路上那只神秘的“上帝之手”？一大波又一大波问题袭来。

对今天的普通大众来说，对基因问题着迷，除了那些不断冒出来的好奇的问题之外，为基因问题所困还有一个因由，就是转基因，以及基因编辑。

2015 年度诺贝尔“生命科学突破奖”颁发给了发现基因组编辑工具“CRISPR/Cas9”的两位女科学家——珍妮弗·杜德娜（Jennifer Anne Doudna，1964 年 2 月— ）和艾曼纽·卡彭蒂耶（Emmanuelle Marie Charpentier，1968 年 12 月— ）。传统的基因重组、嫁接技术，似乎开启了更加宽广的可能，有了更加精细的画面。基因敲除技术、特异突变引入工具、定点转基因理论，已经为人工合成生命展示了诱人的前景：新生命、新物种，乃至生命的永生，令人展开无限的遐想。

在人们依然被复杂、神秘的基因学搞得头晕眼花且心神不宁的时候，将这一术语与本能、进化和宗教联系在一起，将会引发怎样的嬗变？

如果说，基因是从“科学”角度看待人类本质的一个用语的话，“本能”则是从“人文”角度看待人类本质的。

一次应激反应、一次脸红心跳，当我们说这是人的“本能”时，我们在说什么？

用韦德的第二本书《天生的烦恼》中的观点来说，本能即意味着“与生俱来”。但是，停留在承认某些特质与生俱来这个层面，远远不能解释人类个体与群体、历史与演进中的复杂性。需要面对的，恰恰是“本能何以在演化中铸就，以及如何铸就的”这样的问题。

1960 年，在康奈尔大学的实验室里，一项由吉布森（Eleanor Jack Gibson，1910 年 12 月—2002 年 12 月）和沃克（Richard Walk）主持的实验正在进行。36 名 6 ～ 14 个月大的婴儿，被放在一个铺着格子床单的床上，床上有一块透明玻璃，玻璃延伸出床边，与地面形成一个类似悬崖的落差。格子床单垂着铺到地面。

孩子的母亲在“悬崖”这边呼唤婴儿，看孩子能否顺利地爬过来。

实验的结果令人深思。只有 3 名孩子非常迟疑、犹豫地爬过了床沿，其余的孩子都以各种方式回避这个貌似“悬崖”的危险地带。

孩子是如何知道他即将面临深渊的危险的？难道“如临深渊”真的是一种刻写在记忆深处的本能反应？动物心理学家们按照同样的思路检验了小鸡、小山羊、小绵羊，结果证实了这样的猜测：避免失足落崖，真的是生命的本能。

对本能的研究，因为缺乏直接的证据，长期游离于机械论者的视野之外。在机械论者看来，这个世界总是可以拆解成说得清、道得明的零部件，按照一定的原理装配到一起。机械论者认为这个世界像钟表一样精确、可靠。直觉、本能、意识等，这些无法直接拿在手中的东西，完全不入他们的法眼。

更要命的是，曾经的社会达尔文主义者，将这种精确的、可拆分的、机械论的世界图景，与物种演化联系在一起，断定物种的进化是按照这种弱肉强食、优胜劣汰的方式进行的。

韦德的“人类进化三部曲”反对的，恰恰是这种机械的、还原论的世界观。除了反对将本能与机械的世界观挂钩之外，韦德还有更大的抱负，他试图解释人类精神活动的核心地带：宗教的来源。

对于无神论者来说，理解宗教信仰是一件非常艰深的事情，或许因为缺乏直接的体验，又或许因为缺乏文化底层的纽带。即便有一些无法言说、无法解释的“灵异事件”，无神论者也只能将其归之于“人的认识的局限性”，甚至轻言迷信而不屑。当然，信仰与宗教也还是两回事。

韦德的三部曲一路写下来，最终触及到这个“坚硬”的难题：将信仰与本能联系在一起，是否可能？他的回答是肯定的，能！用他自己的话说，这部书的意义就在于“证明本能的宗教行为的确是人类本质进化的一部分”（p. 18）。并且，这种行为至少在五万年之前就已经印刻在我们的神经线路之中。

这一“刻写”过程到底是如何发生的？

按照韦德的分析，对那些走出非洲、处于大迁徙中的氏族部落的人们来说，与超自然的神灵直接接触的方式，不外乎稀奇古怪的梦境、神情恍惚的嘶喊、癫狂的舞蹈，还有丝竹鼓磬发出的声音。这注定是一个漫长的，以万年为尺度的艰难进程。这依然是宗教的胚芽，是野性的、初朴的宗教情感。

宗教得以成型，有赖于祭祀、占卜的仪式化，有赖于祭司阶层的出现。韦德认为，狩猎采集时期的平权结构，在定居之后出现劳动分工，这种情况下，需要建立威权体系了，祭司出现了。祭祀代替了舞蹈，大祭司垄断了与神灵晤谈的通道。

伴随祭司阶层的，是占卜体系的出现："在狩猎采集者中，宗教行为要求群体的所有成员全副身心投入，参与整夜激昂的仪式。定居社会的宗教则冷静得多，注重牧师所叙述的交易，经常对异议者或异教者施以高压。牧师们还试图压制宗教的狂野一面，认识到它们对现存体制的威胁。"（p. 150）

韦德认为，宗教思想是进化来的。宗教思想有其生物学基础，韦德列举的证据包括梦境、恐惧、恍惚的心智状态、原始舞蹈和音乐等。这些初朴的意向，最终与作为人的道德感纠缠在一起。韦德强调，"宗教和道德共享同一个来源于进化行为的共同特征：两者都植根于情感。"（p. 29）

宗教之所以成为一种文化情感的"强势纽带"，在于其以仪式感、神秘感、崇高感霸占了"道德情操"。"一种新型的行为进化而来，它促使个人把集体利益置于个人利益之上。这种新的行为即是宗教本能，它把道德直觉强加于人，使得他们对违反直觉的后果深感恐惧。"（p. 49）

在这一点上，韦德的观点与19世纪德国社会学家涂尔干类似。涂尔干认为，宗教是针对神灵的实践和行为的统一系统。换句话说，信仰和行为统一成一个道德群体，这就是大家共同服从的教会。

不过，与涂尔干略显空泛的、思辨色彩浓厚的论证相比，韦德充分借助了现代生物学、考古学、人类学的新近成果。他花费大量笔墨，讨论了道德的生理学基础，以期将“信仰植根于本能”这一观点，建立在坚实的实证基础之上。

不管韦德是否达成这一宏愿，仅仅提出这个问题，就足以显示其学术探究的可嘉勇气了。

为了寻求宗教进化的生物学证据，韦德可谓下足了功夫。但是，要圆满回答这个问题，必须同时接受这种局面：善恶本能在生物基因中同时并存。宗教情感结合道德情操的演化，似乎在暗示从本能、天性来说，善的力量本能地压倒了恶的力量，哪怕只有一点点。生物学家、社会学家、经济学家和政治学家们，为此争吵了数百年。祭司、国王、修士、教皇、占卜者、游吟诗人们，为此争吵了数千年。

在启蒙运动高扬理性之光的旗帜下，1776年出版《国富论》[①]的亚当·斯密（Adam Smith，1723年6月—1790年7月）断言，“我们的晚饭不是来自屠夫、酿酒师和面包师的恩赐，而是来自他们的私利。”这一断言为私利正名、为财富壮胆，信奉勤勉、辛劳的清教徒们，获得了理论的强力支撑。然而，以今天的观点

① ［英］亚当·斯密：《国富论》，谢祖钧译，中华书局2012年版。

看，韦德在面对“自私的基因”时，也不免左右为难。

按韦德的断言，“因遗传形成的神经线路是宗教行为的基础，这在狩猎采集时期以来一直保持不变。”（p. 69）然而，宗教如何在适应这种漫长生物演化的进程中，保持其内在的“本能”呢？美国心理学家史蒂芬·平克（Steven Arthur Pinker，1954年9月— ）和英国演化生物学家理查德·道金斯（Clinton Richard Dawkins，1941年3月— ），都认为宗教不具有这种内在的适应性。

韦德不同意这一点。他在书中写道，“比起不信超自然力量的人和群体，愿意相信这种力量的人民就会形成更为和谐的社会，留下更多的后代。对超自然信仰的倾向就会为自然选择所偏爱。”（p. 87）韦德进而问道，如果宗教具有适应性，那么它是如何进化的呢？达尔文的自然选择不但出现在个体层面，也可以出现在群体层面。这一结论得到美国社会生物学家爱德华·威尔逊（Edward Osborne Wilson，1929年6月— ）的支持。

韦德断言，“5万年前人类离开非洲的时候，所有宗教元素已经存在，被古人类的所有后代所继承。”（pp. 87-88）这一结论虽然有待更多强有力的证据支持，但试图将宗教动因与本能挂钩，着实体现了当代学者试图拯救宗教的内心冲动。美国政治学者弗朗西斯·福山（Francis Fukuyama，1952年10月— ）就认为，宗教在产生社会资本中的作用被低估了。

被法兰克福学派猛烈批判过的资本主义，在步入20世纪后不免步履蹒跚。1973年虔诚的基督徒、英国历史学家汤因比（Arnold Joseph Toynbee，1889年4月—1975年10月），与日本佛教人士池田大作（1928 年 1 月—　）有过一次深入的谈话，后以《展望 21 世纪》为题出版。两位饱含宗教情怀的学者，对宗教精神的失落充满了忧虑。如何重建信任，不仅是说重新对信任树立信心，而是说重新理解信任，重新回到辽远的过去，从宗教萌生的远古土壤中去寻求灵感和帮助。

宗教精神的复兴，是否可能？如何可能？

与其说韦德提供了一个结论，不如说韦德提出了一个问题，给出了一个视角。这一点从本书第九章的标题“宗教的生态学”可以体会。

公元 313 年，君士坦丁大帝（Gaius Flavius Valerius Aurelius Constantinus，272 年 2 月—337 年 5 月）发布米兰敕令，宣布基督教为罗马帝国的国教，象征着高级宗教介入世俗世界的开端。按照汤因比的说法，两千余年的世界文明史，孕育出东西两大系列六种高级宗教，包括东方的印度教和佛教，西方的琐罗亚斯德教、犹太教、基督教和伊斯兰教。它们的共同本性是宣称有某种超越人类精神的终极存在，立志祛除人类自我中心的原罪，提供解脱世间痛苦的途径。

高级宗教与世俗帝国的冲突，成为主宰文明走向的一股强大力量。基督教会初创时期与罗马帝国的冲突，正说明了这个问题。

发轫于犹太圣经传统的犹太教、天主教，是信奉一神教的高级宗教。近 2000 年的演化史中，除佛教之外的这些高级宗教，无不演绎着一出又一出的征伐和屠戮。他们都声称遵从圣经的谕示：“上帝赐福于他们，对他们说，你们要生养众多，遍及大地，

去征服海中之鱼，天上之鸟，及地上的所有走兽。”（《圣经·创世记》1：28）

对道德的诠释、对秩序的向往、对威权的捍卫，成为高级宗教证明其正当性、合目的性的内在动力。韦德对此评论说，“宗教的基础是与超自然力量的谈判，促使神灵颁布该社会领袖们认为最为适宜的规则。”（p. 219）

针对历史上的多次宗教战争，人们不禁要问，宗教为何如此令人恐惧？团聚社会的同时，也让人癫狂？无论教派之争，还是信仰之战，每一个宗教团体的人们，都坚定地认为真理在握。

马丁·路德和加尔文改教运动之后的近 500 年来，基督教出现了深刻的变化。腐朽、堕落的教会阶层遭到唾弃，子民通过自己的方式阅读、解释、认同圣经的道路被打通，节俭、勤勉、辛勤劳作的新教徒，找到了亲近上帝、承接恩典的新的方式。被马克斯·韦伯称为资本主义灵魂的新教伦理，成为现代国家崛起的精神支柱。

然而，令人不解的是，经历两次世界大战的欧洲乃至整个西方世界，在过去的 100 年里不幸堕入了宗教冷漠、疏离的时期。韦德注意到，在欧洲，每周至少去一次教堂的人口比例，法国从 1975 年的 22%，下降到 1998 年的 5%；德国则从 1975 年的 26%，下降到 1998 年的 15%。20 世纪末，伦敦《经济学人》杂志曾堂而皇之地刊登出一幅上帝的讣告。

韦德承认，“宗教退位是现代化的必然结果。”（p. 283）然而，这毕竟是一个令人五味杂陈的结论。宗教真的没必要了吗？韦德认为，从进化的角度来看，宗教的根本元素不是神学，而是

道德。“与教会失去直接政治力量相比，它在道德权威的衰落就比较难以接受。”（p. 284）

“能不能有无神的宗教？”（p. 286）比如佛教。韦德提出了这样一个问题。这一提法事实上在汤因比的历史思想中曾经不断出现，也是脱胎于怀特海过程哲学的“过程神学”的某种折射（《过程神学》，小约翰·B. 科布 / 大卫·雷·格里芬 ）。所谓“过程思想”，即认为上帝永远不能单独创造，而是一种与被创造物的共同创造，在这种持续创造中的上帝的作用，随着每一能量事件的自我创造，把最初的目的赋予每一能量事件。

韦德这样问道，“到底有没有办法把宗教转变成更为适合先进时代呢？三个一神教的产生是为了适应许多世纪前的社会条件。它们持续了这么长时间并不等于它们可以永远持续，除非它们变成一些莫扎特的著名歌剧，让人百听不厌。但莫扎特并不是音乐世界里的完美终点。”（p. 290）

作为一个虔诚的基督徒，汤因比被佛教千余年平和、宁静的传播方式所感染、打动。在为中文版《展望 21 世纪》所撰写的序言里，两位对话者表达了这样的观察：“佛教几乎是以和平方式传播的，而且在其流布地区，遇有土著民族的宗教和哲学时，也总能毫不勉强地与之和平共处下来。像佛教与中国的道教、儒教，与日本的神道，都能协调共存而形成了当地的生活模式。”

汤因比本人更是毫不犹豫地将 21 世纪称为“中国的世纪”。然而，我在读毕韦德的三部曲之后，却久久不能释怀：为什么从马可·波罗（Marco Polo，1254 年 9 月—1324 年 1 月）到利玛窦（Matteo Ricci，1552 年 10 月—1610 年 5 月），从莱布尼茨（Gottfried Wilhelm Leibniz，1646 年 7 月—1716 年 11 月）、白晋（Joachim Bouvet，1656 年 7 月—1730 年 6 月）、张诚（Gerbillon Jean Franois，1654 年 6 月—1707 年 3 月）到马戛尔尼（George Macartney，1737 年 5 月—1806 年 5 月），从汤因比、荣格、海德格尔到普里高津，一代又一代西方学者把目光投向东方寻求智慧的打开度的时候，我们却与世界一再地擦肩而过，对整个人类的进化洪流与脉络显得如此陌生？

20 余年前，伴随“信息高速公路”，互联网迅速在全球范围内深深地卷入了商业活动和日常生活。今日之中国业已成为世界网络大国。然而，对整个世界似乎依然陌生。作为无神论者的我们，是否有能力在思考人类文明演化的重大历史窗口期，有分量地涉足这些重大的话域？我们是否有能力秉持历史的厚度和文化的广度，在事关基因、本能、信仰和人类未来的重大话题面前，添加我们自己独立的声音？每当念及这些问题，都令人难以平静。

作者在这部书、也是这三部曲的最后，有这样一段话，我觉得值得抄写在这里：“也许宗教需要经历第二次转变，其规模相当于从狩猎采集者宗教到定居社会宗教的转变。在这个新的结构中，宗教保持了它为共同目的团结所有人的力量，无论在道义上还是为了自卫。它应该触及所有感官，提高思维。它应该超越自身。它能够设法面对情感和理性，我们的相互需要和通过理性探索所了解的人类知识。”（p. 291）

这个世界正在掀开新的一页。

这一页，事关我们刻写在骨子里的神灵。

我们——是全部，不是一部分。

11 从数字化到生存——重读《数字化生存》[①]

20 多年前胡泳、范海燕翻译的《数字化生存》，是中国互联网启蒙的经典著作，打那以后，尼葛洛庞帝（Nicholas Negroponte，1943 年—　）成为一个时代的象征。相信很多读过这本书的人，都会记得读完后，心潮澎湃的样子。

我就是其中的一个。我迄今都精心收藏着这部译作 1996 年的首版，以及夹在书中已经泛黄的读书笔记。

两句话的震撼

《数字化生存》留给我最深印象的，是两句话：一句是“预测未来最好的办法是把它造出来”，另一句，是印在图书封面上的“计算不再只和计算机有关，它决定我们的生存”。这两句话

① 本节内容选编自《数字化生存》（20 周年纪念版）（尼古拉·尼葛洛庞帝，电子工业出版社 2017 年 2 月，推荐序：从“数字化”到“生存”——重读《数字化生存》，第 25—38 页）。

每次读来，似乎都让人有醍醐灌顶的感觉。

从第一句说，对当年那些刚刚了解“实事求是”是什么意思，刚刚了解尊重客观规律意味着什么，刚刚明白科学预测、科学决策、科学管理重要性的人来说，“预测未来最好的办法就是把它造出来”，无疑是一声惊雷。这是全新的未来观，更是响亮的行动主义宣言。

从大洋彼岸的硅谷吹来的阵阵新风，用80286、386、486一代又一代超级电脑，用炫酷的多媒体终端，用雅虎、美国在线、亚马逊电子商务网站、谷歌搜索，用泥巴（Mud）游戏、卡斯帕罗夫与IBM深蓝电脑的人机大战[①]，向这个心神不宁、燥热喧闹的国度，一次又一次地宣布“正在到来的未来”。

未来，不再是满怀憧憬的期待，或者站在原地的等待。我们奔跑、追赶，一次又一次地看见前方被“造出来”的路，一次又一次惊叹于这种被“造出来”的感觉。

老实说，这种感觉已经存在了20年。

老实说，这种感觉越来越不那么单纯是兴奋、震惊，或者醍醐灌顶；这种感觉，越来越五味杂陈。20年后重读，尤为如此。

另一句话，“计算不再只和计算机有关，它决定我们的生存”。这句话，刚开始听上去有点玄虚，还有点庄重。可以说，《数字化生存》整本书，就是为了论证这一句话。今天，这个判

---

① 1996年2月10日，超级电脑深蓝首次挑战国际象棋世界冠军卡斯帕罗夫，但以2:4落败。比赛在2月17日结束。其后研究小组把深蓝加以改良，1997年5月再度挑战卡斯帕罗夫，比赛在5月11日结束，最终深蓝电脑以3.5:2.5击败卡斯帕罗夫，成为首个在标准比赛时限内击败国际象棋世界冠军的电脑系统。IBM在比赛后宣布深蓝退役。资料来源：维基百科——https://zh.wikipedia.org/wiki/深蓝对卡斯帕罗夫。

断似乎已经成为常识。数字化浪潮已经渗透到日常生活、工作、组织、学习、生产、消费等各个角落，而且，脚步并未减缓。

尼葛洛庞帝书中大篇幅地讲述的数字电视、电子书、交互游戏，早已稀松平常；尼氏畅想的智能手表、可穿戴装置、家用机器人，正热火朝天。他在书中忠告的箴言，业已成为数以亿计网民耳熟能详的日常用语：交互设计、个体化时代到来、去中心化、数字化赋权、原子向比特迁移、距离消失，等等。

尼葛洛庞帝预言的“奔向临界点”“重建世界 / 信息 DNA”的浪潮，正在以他那个年月尚无法想象的方式，以无人驾驶、人工智能、虚拟现实、脑神经网络、意念控制、纳米医学、“更具有人格的电脑”的方式，汹涌而来。

这两句话，依然震撼，但今天重读，又不只是震撼。

媒介与信息

2016 年，是尼葛洛庞帝《数字化生存》出版 20 周年。3 月底我在杭州参加阿里巴巴湖畔大学第二期开学典礼，与胡泳在一起，他提到正筹备《数字化生存》20 周年纪念版的事情，并向我约稿。

这部书在我自己的阅读史中占有重要的一席，于是我满口允诺，写一篇纪念文字。

近两个月过去了，交稿的日子一天天临近，我却怎么也找不到思路。

重读畅谈未来的著作，最大的诱惑也是最省事的办法，就是盘点作者的全部“预言”。我从书架上找出这本书，努力把记忆拉回到20世纪90年代中叶，渐次梳理一年又一年跌宕起伏的业界风云，会让人不住地赞叹作者深邃的洞察。当然，也有个别笨拙的“失言”之处，但统统不要紧（比如第212页，尼氏猜测2000年世界网民达到10亿，实际达到这一数字要到2006年）。如果苛求作者每言必中，那倒是显得多少有点浅薄。恰恰是作者彼时彼地的时代处境，让那些睿智与迷障共处同一时空。

尼葛洛庞帝是媒体情结很浓厚的人。他调侃起传统媒体的败相来，毫不留情。比如这句，“高清电视就是个笑话！”（p. 51）还有这句：“著作权法已经完全过时了，它是谷登堡时代的产物。”（p. 75）

作为媒体中人，我钦佩尼氏对媒介的洞悉，并从我自身在媒体从业15年的历程，得到会心的印证。诚如尼氏所言，站在传播者一端，以广播模式传播的旧媒介已经消亡，“数字化会改变大众传播媒介的本质，‘推’送比特给人们的过程将一变而为允许大家（或他们的电脑）‘拉’出想要的比特的过程。”（p. 103）

但是，重读《数字化生存》，再为尼葛洛庞帝点赞的同时，也不由得有一点后知后觉的感悟：尼氏用大量篇幅，描绘了一幅个性化的、流动性的、随处感知的新媒体形态，“在网络上，每个人都可以是一个没有执照的电视台”（p. 205），并断言“界面设计的秘诀”，就是“让人们根本感觉不到物理界面的存在”（p. 112）。

这些睿智十足的预言，听上去无疑是合情合理的，但道理何在？这恰恰是尼氏未加以深入分析的，也恰恰是今天自媒体、互媒体、社交媒体等四面开花的时候，人们急迫地想探究的。

关于媒介演变的实质，尼氏仅用一句话来概括，就是“媒介不再是讯息”（p. 78）。

这句有模仿“嫌疑”的话，与被誉为数字媒介领袖的麦克卢汉完全不同。麦克卢汉的“媒介即信息”的断语流传甚广。两位为何有如此截然不同的看法？至少从尼氏的著作中，我没有找到答案。

我的观点是这样的：麦克卢汉所言媒介即信息，是试图解构媒介形式与内容的两分法。媒介即信息，是麦克卢汉 1964 年出版的《理解媒介：论人的延伸》一书中提出的观点。麦克卢汉认为，媒介所表达的内容，再也不能与承载内容的形式割裂开来，媒介形态本身就在影响、塑造人们的行为方式，在这个意义上，媒介本身就已经具备信息的价值。麦克卢汉是在电视与广播媒介，以及电信技术大行其道的背景下，做出这一阐述的。与传统的印刷媒介不同，电媒（包括广播电视和电信）本身即具有强大的时空穿透力和行为塑造能力，以至于麦克卢汉说“电光，就是纯粹的信息”。

有趣的是，尼氏作出的媒介不再是信息的论断，也是从技术这一角度来看的。通过数字化、电脑和网络，媒介已经不单纯是信息的传递载体，也不单纯是承载意义的信息，媒介就是存在本身，就是意义本身。如果说麦克卢汉的媒介—信息关系论，指向的是媒介的去中介化的话，尼氏的媒介信息关系论，就彻底消解了媒介存在的理由。

但遗憾的是，尼葛洛庞帝并未就此深入写下去。他还是依旧沉浸在对数字改变世界的极度兴奋中，不厌其烦地做出一个又一个描绘和断言。

重读尼葛洛庞帝，如果这些曾经令人信服，如今疑窦重生的词语会涌上心头，我觉得这反倒是对作者的敬意，而不是苛责。

姜奇平在 2016 年 5 月 20 日网络智酷举办的《新经济：信息时代中国升维路线图》（王俊秀著）一书的研讨会上，对诸如此类的现象，有一个新的解释，叫作“复杂性的升维”。

界面的消失、媒介的消失，并不意味着这种存在物物理形态的消灭，而在于这种存在物存在形态的演化及其与人的关系的深刻变化。

正如尼葛洛庞帝在书中期待的那样：“电脑将为人们读报、看电视，而且还能应人们的要求，担任编辑工作”“《纽约时报》先发送出大量的比特，可能包括 5000 篇不同的文章，你的电子装置再根据你的兴趣、习惯或者当天的计划，从中撷取你想要的部分。”（p. 31）

这并非简单地将主导权从编撰者手里交到消费者手里，不是简单的物理转换，而是复杂性范式的内化。

数字化带来的世界面貌的改变，并非将世界从内到外统统简单化了。这个世界的复杂度依然如故，甚至更加复杂。认识这个世界的路径也依然复杂，知识的构建远未停止，世界依然隐藏在海量的扑朔迷离的面纱背后。但是，媒介不再具备这种可能，即将客观如实的所谓真相，直通通地从 a 地搬运到 b 地。尼氏所期待的未来媒介，表面上看已经智能化到这种地步，TA 聪颖过人、智慧超群，TA 善解人意、八面玲珑，能个性化地替每一位特定需要的个体，找到所需的资讯，汇聚碎片化的信息，展现隐藏在复杂数据关系背后的画面。

换句话说，新的媒介，其交互界面已经傻瓜化到如此地步，以至于人感觉不到界面的存在（界面消失了），但隐藏在界面背后的更加复杂的范式，正开足马力，运用大数据分析、人工智能、智能代理服务等技术，用可视化的、人性化的方式，呈现在自然场景中。

复杂性并未消失，复杂性只是被再度包裹起来，变成了隐身衣而已。

在这个意义上说，尼氏所言媒介不再是信息——媒介不再更多地拥有信息的价值与功能，不正是如此吗？或者换句话说，麦克卢汉所谈论的那个致力于塑造智能、塑造人性的基于“媒介使用行为”的旧媒介，业已完成自己的使命。新的建立在广泛的数字化、智能化基础上的媒介，将完成“再中介化”的转变。

一段插曲

尼葛洛庞帝的《数字化生存》无疑是一个时代的标志。它完美地象征着数字时代的开启。对中国人而言，这一象征的意味还要更多一层，这多一层的意味可以用这样一件事来说明。

《数字化生存》英文原版是 1996 年 1 月出版的，在此之前，也就是 1995 年 4 月，凯文·凯利的《失控》一书也出版了。在撰写这篇文章的时候，我问胡泳：如果当时这两本书同时摆在你面前，你会选哪一本？

胡泳回复：还是会选择《数字化生存》。

我问：为什么呢？

胡泳回复：因为生存之意义大哉！

这个说法，一点都不出乎我的意料。“生存”这件事，对当下这片土壤的中国人而言，意义非凡。

去年冬天，有一位去波士顿游学归来的朋友，讲述了这样的心得。她说，大约四五十名国际学生，参加为期一周的创新课程学习，他们分为 6 个小组。每个小组都需要提出自己的创意项目，方向不限。有两个有趣但发人深思的现象：一个是亚裔面孔的人，愿意分在同一组；另一个是，欧美同学的项目，大多围绕环保、贫困、低廉卫生的饮用水等，她们这一组，提的项目是“互联网金融”。

平心而论这倒没有什么高下之分，但引人思考的是：这种志趣的差异，意味着什么？我觉得这恰好可以作为观察不同文化背景的人们，理解什么是生存的一点脚注。

生存不仅仅是活着。公元前 399 年，苏格拉底（Socrates，前 469 年—前 399 年）在雅典饮鸩而亡，这事关生存。公元前 212 年，罗马士兵攻占西西里岛叙拉古，当剑架在阿基米德（Archimedes，前 287 年—前 212 年）脖子上的时候，他依然要淡定地算完最后一道题，这事关生存。公元 1600 年，布鲁诺（Giordano Bruno，1548 年—1600 年）宁愿被烧死在罗马鲜花广场的火刑柱上，也要誓死捍卫日心说，这事关生存。

生存，以及对生存的忧虑，应该说是质朴的人类精神活动的起点，是观照生命的第一缕阳光。年轻的耶路撒冷大学“70 后”

历史学家尤瓦尔·赫拉利的《人类简史》，迅速成为全球畅销书，或许可以看作新生代人群，对“生存”这一亘古未变的母题的再度关注。

在高级宗教盛行上千年之久的日子里，历史一次又一次无法令耶路撒冷圣城免于战火，西方的人们不得不一再返回去重新审视何谓“生存”。在奔走呼号、摩顶放踵的孔学，与见性成佛、隐别山林的释道共同浇铸华夏民族国民性的时候，我们看到的却是代复一代的学者，对“活着”做出的冗长聱牙的注疏和经解。

今天，历史终于抵达了这样一个交汇点：“活着”和“生存”的交汇点。思考“生存”的人们，日益感念于活着的轻灵与质朴，他们再一次眼睛向东；玩味“活着”的人们，每每惊叹于生存的深邃与博大，他们再一次眼睛向西。

但文化、文明交融的相向而行，这一次有了全新的寓意。

从作者尼葛洛庞帝的中文译名，或可领略胡泳的良苦用心。他有意选择“帝”而弃用“蒂”，背后的心思正在于他认为尼氏提出的“生存”问题，好像凯撒大帝渡过卢比孔河对罗马的意义一样，他试图用这样一个谐音字的选择，大声呼喊：人类正在开启一个全然不同的新时代。胡泳在 1998 年 1 月尼葛洛庞帝来访之际，代表数字论坛将顾问聘书郑重递交给尼葛洛庞帝的时候，讲述了尼氏中文译名的内心想法。译者期待，借着这一波汹涌而来的数字化浪潮，中国，中国人，能透彻地领悟到“生存”的非凡意义。

数字化生存，一个全新的开始

20 年间，互联网带来了天翻地覆的变化。

睁眼看手机，泡在网上，低头刷屏，极度依赖 Wi-Fi，碎片化，下单，交友，导航，支付——所有这一切，已经像空气和水一样自然了。但这依然是数字化生活，数字化活着，而不是尼氏所言的“数字化生存”。

1978 年，斯隆报告提出认知科学的革命，认为人类正在进入一个认知塑造的新阶段。今天，当我们重新审视互联网爆发的这 20 年，猛然发现生存的含义，并非仅仅是电脑、连线、游戏、智能代理这么简单，而是来自另外一条日益鲜明的暗线。

这另一条线就是“认知与行为”。数字化、网络化、智能化日益改变着这个世界，也改变着人们的行事方式，更改变着人对这个世界的认知，这种认知，事关未来的“生存”。

过去的 40 年来，认知科学、基因测序、脑模型、社会生物学等多学科交叉、综合，逐渐将科学技术与工程的触角，延伸到“人文学科”的地盘。坊间有“文科变硬，理科变软”的慨叹。这某种程度上回应了早年英国学者斯诺所提出的“第三种文化”的问题，也凸显了 20 世纪末霍金在美国白宫所做演讲的预测。霍金应邀在白宫发表演讲，就 21 世纪科技的走向发表意见，他认为“21 世纪是复杂性科学的世纪”。这一观点，正在逐渐显示出其深刻的洞察力和思想活力。启蒙运动以来科技与人文之间的裂隙，似乎不经意间找到了弥合的道路，这条道路有一个鲜明的标志：改变我们的认知。

这是事关生存的大事。

引人深思的是，对生存问题的思考，在这片土地上既显得生涩乏力，又缺乏与西方话语对话的可能。当我们也用同样的流水线技术制造电脑、用手机下载游戏、用电商平台开展全球贸易的时候，我们似乎依然停留在“活着”这一层面。个中缘由，或许是这一“数字化生存”的景观、画面、路径、光泽，是“别人”描绘的，我们只是这个时代的某种“回声”。

回顾我自己过去 20 年里写下的评论文章，其中有 30 多篇与《数字化生存》、与尼葛洛庞帝直接有关，但大多都流露出这样一种担忧：这到底是“谁的”未来？

比如这样一件事：2000 年元旦过后，尼葛洛庞帝二度来华，当时的媒体评论中，我听到的最有“骨气”的一句话是：上次（指 1998 年春天那次）来的时候，我们仰视他，而这次我们可以“平视他了”。我随即写了一篇文章，题目就叫“是否可以平视尼葛洛庞帝并不重要”。文章里有这么几段：

> 按照我的想法，如果尼葛洛庞帝有什么可以值得仰视的地方，大概就在于这个麻省理工学院媒体实验室的创始人早在 80 年代早期就提出了多媒体之类的设想，从而具有了预见性；在于这个《数字化生存》的作者将比特的重要性凌驾于原子的重要性之上，从而具有了清新耳目的新颖性；在于其“未来就是你所造出来的那个东西”的论断的爆炸性。
>
> 如果尼葛洛庞帝不幸被平视，大概就在于用多媒体常玩 VCD 之类已经为分析家们所熟识；在于“比特世界”“数字

化生存”已然成为分析家们自己能够独立鼓噪的熟语；在于我们的未来真的成了“别人所造出来的”那个样子。

依着别人存在的影子，寻找自己存在的理由，毕竟不具有“原创”的属性。

重读《数字化生存》的意义，恐怕不是再次复盘、印证、检视尼氏说了些什么、说准了哪些，还有哪些不太准，不是把尼氏当作大仙来看待。不过说老实话，这些年来，国人这个毛病并未改变。据说凯文·凯利惊讶于他的《必然》一书竟然很短的时间里卖掉数十万册，还据说一些所谓国际大咖到中国演讲走秀，报价高得惊人——种种现象，我还是那个想法：就算我们今天买得起、消费得起最先进的产品，最抢眼的大咖，也并不表明我们对“生存”的理解比 20 年前，有了足够的进步。路还很长，要有耐心。

12 认知重启：互联网的时代意义[①]

在本书第一章中，我们提到了一个概念，叫作“人类世”。2016年8月27日在南非开普敦召开的第35届国际地质学大会上，有一项重要的议程，就是国际地层委员会（ICS）下设的“人类世工作组（AWG）”，对“人类世”这一术语是否纳入地质纪年序列进行表决。在AWG的35位委员中，有34人认同“人类世已经是地层学的事实”，最后有30票赞成将“人类世”正式接纳为地质学术语。

从18世纪初地质学作为一门独立学科，到1993年国际地层委员会成立，地质学已经有近300年辉煌的历史。按照今天通俗的说法，地球45亿年的演化史，被划分为隐生宙和显生宙两大分期。这两大分期的衔接点，分别是6亿年前后的震旦纪和寒武纪。其显著的地质特征和生物学特征，是矿物岩石的生成和寒武

① 本节内容选编自《拥抱未来：新经济的成长和烦恼》（信息社会50人论坛编著，中国财富出版社2017年1月，第三篇：互联网——认知重启的千年大事，第251—263页）。

纪物种大爆发。在寒武纪物种大爆发的约 5600 万年间，出现了海生无脊椎动物、原始鱼、两栖动物，也有蕨类、石松等植物。此后，是生物世界生机勃勃演化历史的渐次展开。寒武纪之后，是奥陶纪、志留纪、泥盆纪、石炭纪、二叠纪、三叠纪、侏罗纪、白垩纪、第三纪、第四纪共 11 个地质分期。第三纪这个名称已经不叫了，改分为古近纪或新近纪。第四纪还保留。

2009 年国际地层委员会做出了一个仲裁：第四纪和第三纪的分界线距今是 258 万年。因为进入第四纪，才有了真正人类学意义上的人类活动。在 258 万年之前的第三纪，只有人类的远亲：猴子、狒狒、猩猩等灵长类动物。

地质纪年中，“纪”下面是“世”。比如第四纪下面划分为两个“世”，一个更新世，大约从 258 万年前持续到约 1 万年前，对人类来说，历经早期猿人、直立人、能人到智人的演化阶段。“全新世”大概开始于 11500 年前，这已经属现代人种，并且人类就此逐步进入农业定居时代了。

第 35 届国际地质学大会所表决的议程，即把“人类世”纳入传统的地质纪年，的确是个有趣的问题。与炫酷的前沿科技、热闹的认知科学相比，地质学距离人们的日常生活似乎比较远。这些地质学家们要干什么？为什么要定义“人类世”？这与互联网有多大的关系？对理解新经济、新治理有什么意义和价值？这是本文试图讨论的一个问题，也是笔者认为理解互联网千年大事的新视角，理解互联网背景下认知重启的一个框架。

重新审视的基础，如本书绪论中所提及，就是人与自然共生演化的完整过程，就是将人回归到生物界的一个物种，也要追寻远古时代我们的心理认知水平。

认知重启的心理学基础

20 世纪 70 年代，美国神经生理学家麦克莱恩（Paul Donald MacLean，1913 年 5 月—2007 年 12 月）提出了一个脑模型，叫作“三位一体脑（The triune brain theory）”[①]。这个脑模型与流行的“左右脑模型”不同。左右脑模型是同时期，80 年代美国神经生理学家斯佩里（Roger Wolcott Sperry，1913 年 8 月—1994 年 4 月）提出的。斯佩里因此获得 1981 年诺贝尔医学奖。

斯佩里的大脑模型大家都知道，大脑分左右两个半球，中间靠胼胝体联结。左边叫理性脑、数学脑、男性脑，右边叫直觉脑、图像脑、女性脑。长期以来，斯佩里的脑模型是解释人类大脑机能、活动和行为模式的主流，麦克莱恩的脑模型则被忽略了。随着认知科学的逐步深入，麦克莱恩模型现在越来越被科学界认可，这一现象充分说明脑科学界已经不把人类大脑看作孤立的存在。麦克莱恩的脑模型指出，大脑其实是某种层次结构，最里面的是小脑和脑干部分，中间还有一套空洞的边缘系统，最外面才是像核桃仁的大脑新皮质。麦克莱恩脑模型的特点是，小脑、脑干部分对应的是爬行动物脑，边缘系统对应哺乳动物脑，大脑新皮质对应灵长类哺乳动物脑。

“对应”这个词是什么意思？就是说，我们人脑的结构，有

---

① 关于麦克莱恩的三位一体脑模型，参看：http：//mybrainnotes.com/evolution-brain-maclean.html。

一部分与爬行动物、哺乳动物、灵长类哺乳动物共享着同样的脑结构。这个脑模型给人的启示是什么？我们事实上与数千万年、数亿年前的物种进化历程紧密相连。5.7 亿年前后，寒武纪物种大爆发以后，大家知道物种的进化路径，大致是从鱼类、两栖类、爬行类、鸟类、哺乳类，这样的演化轨迹。麦克莱恩的脑模型告诉我们，人的大脑依然残留着寒武纪之后漫长物种进化的点滴印记，也就是说，今天的人类大脑，与爬行动物、哺乳动物、灵长类动物的大脑结构，有一些重叠、相似的结构。这意味着，我们的认知结构、心理结构、心智结构，并不像文艺复兴以来那些科学家、思想家描绘的那样简单，既不是什么“神”的创造，也不是“脱离”了动物的“已经完成”的演化。它足够复杂，到今天我们也很难孤立地将人的大脑与动物的大脑完全区别开来，简单说，大脑的进化仍在继续，并未停止。人的认知与行为的演化历程，就必然是人与环境、与工具、与其他物种之间的交互联系在一起的。

为什么要关注脑科学、关注认知科学？众所周知，一般将认知科学的缘起，标定在 1978 年，美国斯隆基金会发表的“认知科学”报告，这个报告奠定了认知科学这个交叉学科。

简单说，认知科学意味着我们的大脑、情绪、意识和知识构建，以及行为塑造，走出了传统学科细分下单一学科单刀突进的局面，形成大范围的学科交叉、融合，进而将人的认知奠基在人与自然、人与机器、人与符号、人与人、人与自身的相互交叉、相互影响、彼此塑造、共生演化的基础上。近 10 年大量脑神经科学、神经认知科学、心理学、人类学和计算科学的综合，获得了丰富的成果，大大改变甚至颠覆了人对这个世界和人类自身的理解。

这里举一个简单的例子，即“具身性（embodiment）”的概念。“具身性”这一用语，最早来自符号学、语言学和哲学，它重新将身体的重要性拉回到哲学思考的范畴。今天，具身性已经成为人工智能哲学的标志性用语。这一波发端于 2006 年“深度学习”（Geoffrey Hinton）浪潮的人工智能复兴，与前两次人工智能高潮根本的区别，就在于对“智能”的假设发生了本质的变化。

传统人工智能对智能的基本假设是机械论的、还原论的，认为“智能”无非是一大堆概念、理论、逻辑推理的总和。传统人工智能的雄心，就是运用理性思维、逻辑演算，构建出完美的大脑模型。但前两波人工智能浪潮遭遇了失败，究其原因，正在于秉持法国思想家笛卡尔“主客体两分法”，以及“还原论”方法所带来的思想局限。

20 世纪中叶控制论的兴盛，也走了一段弯路，特别是最优控制理论，也试图寻求系统目标稳态的最优化方法，终归与复杂的系统过程脱节。产生这种误判的思想根源是什么？就是笛卡尔以来机械论世界观的影响。假设这个世界是漂亮、光滑、连续的数学规律所描绘的那样，是几百年来数代科学家信奉的自然观，是“斯宾诺莎的上帝”。这个思想传统将活生生的躯体与对自然的认知割裂开来，完全否认感觉经验的价值，认为感觉是靠不住的，是需要刻意避免的“干扰”。

在这种情况下，人的身体和人的智能是分离的关系，处于复杂多变环境中的感官被简化为输入输出通道，加以模型化、算法化，从而丢失了一个重要的因素：身体与环境的交互。旧的认知方式，总试图拿到漂亮的“完备解”，一揽子解决问题；新的认知方式则把认知转变为“交互的过程”，用演化论的视角，看待认识主体与客体之间无所不在的交互。

这是互联网背景下理解科学基础的一个重要转变。今天我们依然在用主客两分的方法，用还原论、分离原则来认识这个世界，这一定是远远不够的。

新史观：认知重启的历史视角

“人类世”这一术语，第六次物种大灭绝的预警，《人类简史》这本书所呈现的思想，以及认知科学诞生、聚合科技改变人类未来，所有这些联系在一起，我想表达的是这样一句话：互联网思想说到底是“史观”的问题。史观问题，即如何看待地球演化、生命进化、自然变迁的漫漫长河中，人的位置和人与其他物种、生命、自然界的内在关联、相互关系。史观问题之所以重要，是因为当今流行于世的所谓主流史观，是西方文艺复兴以来，特别是启蒙运动、资产阶级革命、工业资本主义兴起以来日渐形成的史观，或者说工业思维范式，我们已经被这样一个脱胎于旧世界的史观格式化了很多年，这是东西方面临的共同挑战。在那个史观格式化之下，我们再也看不到其他的东西，我们已经固定了一种思维范式。

传统史观是什么史观？按照历史学家的说法，在法国年鉴学派以前，传统史观是编年史，是政治史，是事件史。历史就是由一件一件的事情构成的，就是这么编缀而成的历史。但是年鉴学派之后提出新的史观，认为历史是整体的。什么叫整体？就是历史关乎每一个人，它既是艺术史，又是心灵史，它当然也是地质史、地理史、经济史、政治史、文化史。互联网出现之后，已经极大地改变了传统的生产方式、社会互动方式、组织方式和生活方式，隐藏在这种变革力量背后的，是史观的巨大变化。新的史观，要求我们重新理解人（大写的人和小写的人，个体的人和群体的人，经济人和社会人，理性人和非理性人，等等），重新理解焕然一新的人与人、人与机器、机器与机器、人与自然等种种关系，进而重新理解构建于这种新型关系基础上的经济基础、社会组织形态、政治生态和生活样貌。如果大家注意到最近30年来西方文化思潮的转向，就可以看清楚这一点。

简单说从法兰克福学派、后现代、后殖民话语，到今天的建构主义思潮，这100年来的西方文化思潮，我认为有一个非常强悍的逻辑，这个逻辑迄今为止还在发挥着重要的作用，就是西方世界自文艺复兴以来逐渐固化、信奉的Logos中心主义，可以说Logos中心主义是西方中心主义的灵魂。然而最近这30年，在经历了数次中东战争、数次全球金融危机，在世界步入高风险社会的大背景下，西方世界不得已提出了这样一个问题：Logos中心主义是不是碰到了根本性的麻烦？然而从100年前德国历史学家、哲学家斯宾格勒（Oswald Arnold Gottfried Spengler，

1880年5月—1936年5月）《西方的没落》[①]那本书到今天，很多反思西方文明衰落的学者们，其实都不甘心，骨子里仍然想继续捍卫Logos中心主义，他们不认为这个事情是根子上的问题，不认为这是在基本假设上出了问题，宁肯将未来人类的挑战，看作是“文明的冲突”（典型如亨廷顿）。

但是少数学者不这么看。比如美国康奈尔大学教授马丁·贝尔纳出版于1987年的三卷本著作《黑色雅典娜》，就是从另一面深刻反思启蒙运动的佳作。马丁·贝尔纳用翔实的人类学、考古学、历史学证据，说明“雅利安文明”是包装出来的，是过去200余年里启蒙运动包装的产物。这一看法可谓惊世骇俗，曾引起西方学界强烈反弹。但今天看，贝尔纳的观点日益显示其独到的眼光和深度。

另一件事也可用来说明西方思潮转变的这股潜流。2015年，由复旦大学杜威研究中心与美国南卡大学杜威研究中心合作的这套37卷，外加一卷索引的《杜威全集》，历经10载寒暑，终于出齐，这是中国思想界、读书界的一件大事。重读杜威，对中国人而言意义非凡，对美国人来说，也如是[②]。

杜威可谓“中国人民的老朋友”。1919—1921年，两年多的时间，杜威逗留中国，在北京、杭州、上海等地访问、讲学、

---

① 《西方的没落》不是一本“为了研究历史而研究历史”的纯学术著作。作为历史学家，或者历史哲学家，斯宾格勒首先是“为了了解和认识现实”而去研究历史的学者，他也确实是比较早地、比较自觉地批判“西方中心论”的学者。资料来源：《影响世界到现在 再谈“西方的没落”》，http：//book.people.com.cn/GB/69365/5223530.html，2006-12-26。

② 以下关于“重读杜威”的文字，选编自笔者为纪念美国MIT媒体实验室创始人、未来学家尼葛洛庞帝《数字化生存》20周年纪念版撰写的纪念文章，原文收录在《数字化生存》（20周年纪念版）中（电子工业出版社2017年2月出版）。

游历。他大约是20世纪思想家中唯一一位在中国连续驻留这么长时间的人。此外，杜威还恰好是那个热血沸腾的时代的见证者：五四运动、新文化运动。

通过胡适、傅斯年、陈独秀、顾颉刚、钱玄同等人的引介、诠释，杜威的实用主义哲学可谓深入人心。"赛先生""德先生"成为百年来最富有时代气息的符号。然而，百年后再看这段历史，不由得让人唏嘘。在20世纪初叶逼仄的历史舞台，局促的历史时空下，实用主义很快蜕变为"只问结果，不问缘由""真理即有用，有用即真理"的庸俗哲学的模样，迅速与功利主义挂钩。赛先生，也旋即成为古史辨派、整理国故派的重要理论出处。

在美国，作为实用主义哲学第三代传人的杜威，也更多以教育家的面目出现，而不是哲学家。20世纪70年代之前，世界哲学如万花筒般流派众多，存在主义、现象学、分析哲学、语言哲学、结构主义、解构主义、解释学，等等，不一而足。美国主流哲学基本是分析哲学、语言哲学的天下，"欧陆哲学与英美分析哲学"的两分法，基本框定了20世纪哲学主流的疆域。

然而20世纪70年代之后，思想界这种局面正缓慢地发生巨变。

首先是心灵问题重新进入人们的视野，但这次不是詹姆斯机能主义心理学[①]的复兴，更不是华生行为主义心理学的延展，而

① 机能派心理学实质上是实用主义心理学。实用主义哲学的特点，即"存在就是有用"，检验真和善的标准是看"它是否于我有利"。詹姆斯将实用主义哲学应用到心理学方面，于1890年发表奠定机能派心理学理论的专著《心理学原理》。资料来源：机能学派理论，https：//davidzgt.wordpress.com/2012/04/28/机能学派理论/，2012-04-28。

是一系列亚文化的汇流——从嬉皮士到雅皮士的中产生活；白领中悄然兴起的灵修运动、瑜伽运动；对“言必称希腊”的“两希文明”的反思；线粒体 DNA 考古对“夏娃”的发现；认知科学的兴起等思潮汇聚而成的洪流。

这一洪流，与信息时代、第三次浪潮、数字化革命的同频共振，在暗流涌动 30 余年后，终于呈现出一幅波澜壮阔的大画面，这幅画面所映射出的几个耀眼的光斑，则是——世纪末福山的“终结论”与亨廷顿“文明冲突论”的兴起；中国作为一个大国在 21 世纪的崛起；“9・11”带来的巨大震撼，以及美国文化界、科技界、媒界、政商各界，重新思考和寻求“9・11”之后美国哲学和美国精神的支柱；世界政经社会秩序正在纷繁复杂的状态下走向重构；基因技术、纳米技术、生物技术和信息技术，已经收获了太多令人震惊的成果——这一切，都与世界网民超过 30 亿人、网民对网络的依赖度超过传统媒介的总和这一基本事实相契合。

问题的溪流已经汇聚成滔滔江河。最后的“大问题”业已清晰可见，我们如何重新看待和回答这样一个问题：未来我们将如何生存？

其次是杜威哲学呈现出某种“重整哲学”的契机。在杜威看来，人类（主要指西方）面向“确定性寻求”的两条道路，看上去无可挽回地失败了，一条通过宗教、祭祀，另一条通过发明艺术（参见杜威晚期著作第四卷《确定性的寻求》第一章）。之所以失败，杜威认为根源在于长期以来西方思想观念的进路，被锁定在有关“观念／理念”“行为／实践／经验”等各种名目的两分法中，这也是百余年来“主义盛行”的根由。更重要的是，“观念 / 理念”（用杜威的话说就是对确定性的寻求） 占据形而上的位势，而实践、经验则被贬抑为粗糙的、不确定的、充满偶然性的、充满复杂性的形下之事物。

现象学转型之后，越来越多不同领域的思想者（诸如社会生物学家威尔逊、控制论创始人维纳、心理分析学家荣格、美国哲学家罗蒂、历史学家沃勒斯坦、英国生态学家拉夫洛克等）认识到，人既是自然的生物，也是社会的生物，人的生命源自与自然和社会环境的动态交互和共生演化。与外部环境和内心世界永不停息的交互活动，不但塑造着整个世界的样貌，反过来也塑造着人本身的认知。进一步地，这种认识并未与行为剥离、割裂开，而是形成“认知—行为”交叉缠绕的“共生运动”。

这正是连接一切的互联网所展现的新世界、新空间。这也正是虚拟实境与物理世界、观念世界、符号世界交相辉映的新存在、新命运。

重读杜威，正是这样一种历史契机下出现的现象。美国正在寻求哲学意义上的“重启”，而不仅仅是再工业化、重整世界政经秩序和输出西方普世价值观。或许可以说，遭 20 世纪轻视、误读的杜威哲学，是独立的美国哲学思想最好的“备选品”。

实用主义哲学不甘沦为二流的生活哲学乃至庸俗哲学，那它就必须在彻底重新审视西方 2500 年以来文明传统的基础上，在充分汲取包括中国、印度、两河流域、埃及以及诸多区域文明营养的基础上，走向文明的融合。尤其重要的是，这次重读，不只是美国思想界自己的历程，而且是一个开放的历程。不只是重读杜威，而且是需要以百多年前尼采那样的勇气，重估一切价值。

综合上述，在“新史观”这个意义上理解互联网思想，首先需要确立新的大历史框架，需要重新梳理东西文明的嬗变、交流、融合的漫漫长河，彻底批判和反思西方 Logos 传统在百余年来给我们带来的历史误会和思想障碍，真正意识到文明之间的对话并没有完结，而是以新的面貌、以激动人心的方式重新展开。这是中华民族伟大复兴的重要的历史窗口，也是认真梳理和盘点丰富历史遗产的重要的历史机遇，在新的史观框架下，如何建构奠基于东西方文化融合、人与自然共生演化、共同发展的新思想，是历史赋予这一代人的使命和重任。

Part 4 新轴心时代的开启

时至今日，互联网正以惊人的速度、广度和深度改变着我们的工作、学习和生活，今天作为“史前史”阶段依旧稚嫩的互联网，却可能开启第三次人类心智模式的大觉醒，生命共同体的共生演化更将开启人类演化的新纪元。

13 互联网的三个基石和一个困境[①]

1984 年春夏之际，我心潮澎湃地看完了阿尔文·托夫勒编导的专题片《信息时代》。片中有一句话：“穷国和富国，从此站在了同一起跑线上。”“同一起跑线”，就是指“信息时代”。时至今日，互联网正以惊人的速度、广度和深度改变着我们的工作、学习和生活；我们想知道，它还会在哪些方面颠覆和改造我们所熟知的一切？我们更想知道，这些令人气喘吁吁的变化，到底意味着什么？

帕斯卡（Blaise Pascal，1623 年 6 月—1662 年 8 月）说：“思想成就人的伟大”，人的全部尊严就在于思想。其实，人们对思想的理解，除了“史诗般的激情”之外，还有一个强烈的动因，就是试图获得横扫一切的能量。在我所亲历和见证的互联网历史中，总有一个疑惑如鲠在喉，那就是：对于信息时代，我们凭什么“这么说”？我们何以真切地确信，所言不差？我们可以

① 本节内容根据商务印书馆《互联网思想十讲：北大讲义》改编。

从文本中接受来自大洋彼岸的信息，从眼花缭乱的数码产品中领略强劲的科技旋风，但我们却总是“聆听者”“接受者”“赞叹者”的身份。

在细究互联网发展史，考察消费社会的兴起，以及重新审视现代性和后现代性之后，我认为，可以把复杂性思想、社会网络和公共空间看作互联网思想的三个支柱；而隐私与知识产权则是互联网思想的一个困境。

复杂性思想

凯文·凯利在《失控》一书中强调：失控并不可怕，反倒是秩序涌现、生命诞生的活的源泉。复杂性思想启示我们两点，第一是要拥抱不确定性，要同我们脑子里根深蒂固的确定性、还原论的思维方式做斗争，学会超越确定性和还原论的思维方式；第二，互联网是“活”的，充满了有机体、生命的特征，是多样性的、自组织的、共生演化的。互联网已经成为这个世界存在的背景，“交互”“涌现”都是很重要的关键词。

已经有很多比较成体系的知识描述复杂性，主要集中在突变论、分形几何、非平衡热力学、非线性动力学、凝聚态物理学、流体力学、协同论等领域。但是，复杂性拒绝将“复杂”一语收编在任何既有的知识体系中，它本身就是结论：这原本就是一个悖谬丛生的世界。复杂性是介乎秩序和混乱之间的边缘状态，是意蕴丰富的状态，活力四射，充满各种可能性。目前，微博、微信、淘宝都积累了大量数据，大家觉得这些数据都是金矿，希望深入挖掘，但是怎么挖呢？目前的思路还停留在探索现象的阶段，还是还原论的方法。还原论往往对应着同质化，排斥异质性，所以应该用复杂性思想去研究微博、微信中涌现的行为。

复杂性有五个特点。

第一是“高度结构化”。结构，是20世纪下半叶流行开来的语言、文本、组织、生态、宗教和社会形态常用的分析用语。比如索绪尔（Ferdinand de Saussure，1857年11月—1913年2月）对能指和所指的划分，列维－施特劳斯（Claude Levi-Strauss，1908年11月—2009年10月）对文化结构的划分，弗洛伊德（Sigmund Freud，1856年5月—1939年9月）对人的自我结构的划分等。高度结构化，强调观察和思考的视角必然是整体论的，无论这种结构我们是否能够辨别、释读出来。

第二是“非高斯分布”。高斯分布，即正态分布，假设所有个体独立存在，并且是均质的。《爆发》一书的作者巴拉巴西（Albert-László Barabási，1967年3月—　）发现，在互联网中，这种独立、随机的分布场是不真实的。互联网世界，越来越呈现出真实世界中的差异性、异质性、多样性，是符合“幂律分布[①]”的。无论是安德森（Chris Andersen，1961年7月—　）

① Flickr上也出现了类似的模式：在某次活动以后，众多摄影者向Flickr提交照片，但可能其中一半会来自排名前十位的提交者，其中最活跃的摄影者提交的照片所占的比例更高。这种形态叫作幂律分布（power law distribution）。在这样的分布中，你可以注意到从排名最靠前的几位提交者到大多数参与者之间照片数量的急剧下降。资料来源：幂律分布http：//business.sohu.com/20091124/n268436291.shtml，2009-11-24。

的“长尾模式”，还是“二八定律”，或者“占领华尔街”[①]的口号“99%：1%”，都是巴拉巴西所言幂律分布的一种表现形式。

第三是耗散结构下的非线性。耗散结构表明开放系统不可避免，表明任何试图描述某个对象的符号体系，都注定是“降维”后的结果，即降低难度系数之后简化的结果。非线性，意味着不可重复。传统科学总是假设光滑的、可微的数学物理方程，但是事情并不总是“如此简单，如此漂亮”！

第四是临界相变和自组织、涌现。物质的“相”，是格局的转变，也就是结构的转变。相变，就是这种存在样貌、架构的转换。液相到固相、气相的转变，就是相变，不是种性层面的改变，只是样貌不同了。临界相变，要特别关注内外条件作用下，相的转化和迁移。这时候所激发出来的状态是丰富的，也是最好的洞察事物本来面目的机缘。

第五叫“结构变异”，时空不对称。古希腊哲学家如亚里士多德，将万物归结为水、火、风、土四大元素；东方圣哲们则认为这个世界就是太一。太一之下，万物都是“象”。结构变异，其实说的是“结构的可变异性”，即可以相互转化。这种看上去玄虚的哲学思想的背后，是生生不息的、万物有灵的思想情感。这个思想情感需要完全不同的时空观。时空不对称，正是让万物之联通、扭结、聚合、生化，有了一个生机盎然的所在。

研究复杂性无非是回到事情本来的面貌，这种原貌是没有经

---

① 受到2011年年初中东“茉莉花革命”浩荡潮流的启发，以及国际金融风暴后跨国金融霸权继续横行压榨的双重刺激，不满经济和社会现状的示威者率先于九月中旬在美国纽约发起“占领华尔街”抗争运动。资料来源：大家谈中国：全球占领运动的回顾与展望，https：//www.bbc.com/zhongwen/simp/comments_on_china/2011/11/111116_coc_occupy，2011-11-17。

过简化处理的，保持了“毛发丛生”的状态。你不能用奥卡姆剃刀[①]（Occam's Razor）把它剃光，在这种情况下才能够真正“解决”复杂性的问题。不，复杂性的问题不是需要“解决”的，是要“超越”的。那么，复杂性给我们带来哪些启示？

第一，复杂性提示我们还原论还有很大的生存空间。但是，如何理解还原论和整体论的关系？贝塔朗菲（Ludwig Von Bertalanffy，1901 年 9 月—1972 年 6 月）创立的系统论[②]，其实是一种“巨型”的还原论。它还是希望用清晰的、光滑的方式，来刻画所谓“终极真理”，并且相信我们可以通过自己的理性思维来驾驭它。这些信心满满的理性主义还原论，骨子里有强烈的“收编欲望”，相信所有新的发现、新的原理，终将归并入同一个宏大的科学体系。这种科学的理性精神或者说信仰，已经深入骨髓。这种不可遏止的理性冲动，是现代性的来源。正如鲍曼（Zygmunt Bauman，1925 年 11 月—2017 年 1 月）分析的那样，它会让垄断企业、权势集团，让政治上的极权主义、集权社会，让老大哥式的宏大叙事生产出来。所以，传统科学在给我们诸多成果之余，也使得我们的思维模式根深蒂固，以至于很难与另外的语境对话。

第二，复杂性告诉我们“确定性”和人的关系，以及“可知

① 奥卡姆剃刀，意思是简约之法则，是由 14 世纪逻辑学家、圣方济各会修士奥卡姆的威廉提出的一个解决问题的法则，他在《箴言书注》2 卷 15 题说：“切勿浪费较多东西去做，用较少的东西，同样可以做好的事情。”资料来源：https：//zh.wikipedia.org/wiki/ 奥卡姆剃刀，2018-07-27。

② 1947—1948 年贝塔朗菲在美国讲学和参加专题讨论会时进一步阐明了一般系统论的思想，指出不论系统的具体种类、组成部分的性质和它们之间的关系如何，都存在着适用于综合系统或子系统的一般模式、原则和规律。资料来源：http：//wiki.mbalib.com/wiki/ 贝塔朗菲的一般系统论，2015-11-05。

的限度”是什么。文艺复兴解放了人，甚至“杀死”了上帝。从此，人失去了宗教意义上的确定性。确定性以及附着在确定性上的意义，都被生动的、现实的世界一一粉碎。但是传统的科学精神却许诺我们一个确定性的世界，好像宗教教义许诺我们的那样。再想一下，互联网是一种什么样的状态呢？是秩序井然的吗？我们希望它如此吗？这个问题可以从复杂性角度来思考。我不认为这种思考是反智的，因为理性最可贵的品质不在于它能计算很多问题并且分毫不差，而在于它可以用来怀疑自己。理性的思考是建立在悖论的基础上的，而不是驱逐和回避悖论。

第三，我们可以用复杂性思想理解科学与艺术的关系。文艺复兴之后，人文与科学的分野日趋严重。互联网能否迎来人文精神和科学精神的会合？我相信，这种会合不是表面上的一团和气，而是深层次的、痛苦的融合。为何痛苦？传统的科学往往致力于驱逐悖谬，致力于寻找干净的、纯粹的、自洽的科学图景，这种科学观也许需要改变。这个问题在当今的科学界尚未取得广泛的共识，但互联网有机会促成这种转变。互联网可以容忍差异性，丢弃理性基础上的共识，更多的交流发生在“会意”层面而不是“同意”。

复杂性，是理解互联网精神的重要支柱。在未来的一段时间，认识互联网的信号灯、标志线将会是模糊的、混乱的，你一不小心就会落入两分法、确定性、还原论的惯性轨道。这时候你会很惬意，很舒服，也很习惯，但这会离“互联网状态”越来越远。我们要对今天世界的种种变化迹象保持敏感，要知晓这种变化绝不是数量的变化、质量的提升，而是天翻地覆的变化——

只不过，它暗藏在毫厘之间。保持敏感，你才能看到更细微的频谱。在这个过程中，要学会在不同语境中跳转，逻辑未必会连贯，语义也未必清晰，但是，你会越来越习惯在双重、多重语境下思考问题。还原论的逻辑思维并未完全失效，但是我们要学会超越它。

社会网络分析

互联网的第二个重要的基石是：社会网络。

自孔德创立社会学以来，这门学科一直遮蔽在经济学的光辉之下，其基础首先是经济学。经济学给出了人性假设，传统社会学只不过是研究“经济基础”的一部分“上层建筑”而已。1968年，美国哥伦比亚大学教授艾伦·巴顿（Allen Barton）曾经这样评价社会调查方法：“在过去的30年里，经验性的社会研究被抽样调查所主导。从一般的情况而言，通过对个人的随机抽样，调查变成了一个社会学的绞肉机——将个人从他的社会背景中撕裂出来，并确保研究中没有任何人之间会产生互动。”“社会学的绞肉机”，形象说明了格兰诺维特（Mark Granovetter）所言社会学研究中的“低度社会化”问题。这种“把个体从他的社会背景中抽离出来”的方法，在今天的互联网环境下受到挑战。

从“低度社会化”到“过度社会化”，社会学的传承经历了一番波折，主要表现在对人际系的发现。1924—1936年，科学管理深入企业管理实践，美国西屋公司在霍桑工厂进行了一场断断续续的著名实验。实验的初衷是想证明电力、灯光等工作环境因素，对人的工作效率是有正面激励作用的，然而实验结果却并非如此。劳动者的生产效率跟车间的灯光亮度并非显著相关。为什么如此？1927 年冬，哈佛心理学家梅奥（George Elton Mayo，1880 年 12 月—1949 年 9 月）等人受邀参加了中途遇到困难的霍桑实验①。在实验的基础上，梅奥分别于 1933 年和 1945 年出版了《工业文明的人类问题》和《工业文明的社会问题》两部名著。霍桑实验指出，人不是经济人，而是社会人，不是孤立的、只知挣钱的个人，而是处于一定社会关系中的群体成员，个人的物质利益在调动工作积极性上只具有次要的意义，群体间良好的人际关系才是调动工作积极性的决定性因素。后来，研究霍桑实验的卢因（Kurt Lewin，1890 年 9 月—1947 年 2 月）到了麻省理工学院，创立了群体动力学②研究中心，继续进行情境研究、群体动力学研究。

格兰诺维特于 20 世纪 80 年代指出了“低度社会化”和“过度社会化”的问题，“低度社会化”指大量数理分析、大量模型的运用，离社会学真的很远。“过度社会化”，则忽略了人的自由意志，强调大一统的理论架构。社会网络分析还谈不上有一致的

---

① 霍桑效应的缘由来自多年前，美国芝加哥西方电力公司霍桑工厂（the Hawthorne Plant of the Western Electric Company in Chicago）所进行的一系列类似心理效应实验，他们的研究涉及若干工作条件与工人生产效率的关系。研究发现，随着灯光的强度增加，工人的产出量也增加，但令研究者感到惊讶的是，当产出量明显达到某一高峰之后，若降低照明的强度，他们发现灯光的强度虽然按阶段顺序减弱，但是工人的产出量仍继续增加。工人对参与实验的觉察和一种自然而起的心理作用，显然是引发动机促进生产力的重要因素。这种由于受试者获知参与实验或受到特别照顾，而生起的一种心理作用以改进表现的效果谓之霍桑效应，此种效应已被广泛视为类似于宽心药的效应。

② 1944 年卢因首先用“群体动力学（Group Dynamics）”这个术语来形容群体中人与人相互接触、影响所形成的社会程序，并于同年在麻省理工学院建立了群体动力学研究中心。资料来源：叶龙、李森：《安全行为学》，清华大学出版社 2005 年版，第 95 页。

理论体系，清华大学罗家德教授的《社会网络分析讲义》将其总结为七种理论：机会链理论、二级传播理论、弱连带理论、镶嵌理论、结构洞理论、强连带理论和社会资本理论。特别值得一提的是，社会资本不像货币资本、实物资本有明确的所有权，而是必须在使用中存在，也必须在与他者的关系中存在。社会资本是越用越有价值，越分享越好。这跟互联网的精神是高度一致的。

社会网络分析方法，是把群体和个体纳入相互连接着的网络环境下研究，但限于客观条件，之前的研究范围往往局限在小样本、局部环境的个案空间内。互联网提供了大范围、大尺度、复杂网络分析的可能。无论微博互粉结成的好友网络，还是微信呈现的熟人圈子，获取关系数据、展现丰富多样的可能性，已经不再困难。同时，将不同的网络结构叠加起来，组成有耦合的复合网络（超网络）的研究，也日益成为网络分析的热点。以下七种问题，是社会网络分析中最基本的。

第一类问题是何为关系研究。传统网络分析中的所谓关系，是对连接节点之间连接属性的描述。这里所说的关系研究，一方面包括这种关系属性，另一方面要看关系场，即布尔迪厄（Pierre Bourdieu，1930 年 8 月—2002 年 1 月）说的“场域”（field）[①]对关系的影响。场域是结构层面的概念，首先需要度量一个完整的网络连接，如何形成具备一定“场力”的辐射能力，

① 对于场域（field）这一概念，布尔迪厄这样说过：“我将一个场域定义为位置间客观关系的一个网络或一个形构，这些位置是经过客观限定的。”资料来源：L. D. Wacquant,“Towards a Reflexive Sociology：A Workshop with Pierre Bourdieu”, *Sociological Theory*, Vol. 7, 1989。

比如家族血统的强弱、人脉势力的强弱。关系研究还有浓厚的文化背景，比如中国本土社会的结构，费孝通（1910 年 11 月—2005 年 4 月）提出了著名的“差序结构”——以血缘为纽带、长幼尊卑为圆圈，向外逐级递减。[①]

第二类问题是关系怎样影响行为。我们把网络区分为两种：个体中心网络和企业组织网络。当个体纳入某个网络结构之后，他的行为受网络的制约、规定和影响，所谓“近朱者赤，近墨者黑”。社会网络分析通常采集一个人的社交圈和他的行为数据来分析个体行为的影响因子，“易感”指数，等等。企业组织网络也是如此，个体在网络中行为，并非只是受与之直接相连的节点的牵制、影响；事实上，还有整个“气场”的影响，而且有时候这个“场力”还更重要一些。

第三类问题是场力如何决定个体的位置。当个体处于一张大网中的时代，势必会受到各种影响，有些影响会改变个体行为，有些则会改变个体所处的位置。个体在网络中的位置，一个是静态的位置，就是你目前所在的位置；另一个是潜在的位置，就是你下一步非常有可能落在哪里。关系如何促使一位置生成？机会链理论和结构洞理论告诉我们，位置并非是“空”在那里，而是等待你去识别、发现。影响一个公司重要战略决策的可能是小圈子里的某个人，不见得是总经理本人，甚至可能是局外人把握着

① “差序结构”一词是中国社会学者费孝通所提出，用以描述中国传统社会中，人与人之间各种远近亲疏所构成的人际格局；他形容中国传统社会的人际关系的构成，如同在水面上投石头时，由石头落点由内而外产生的涟漪一般，由代表自身的圆心，由自身延伸出去，依照一圈一圈的水波远近来区别人群和自己的亲疏。资料来源：费孝通：《乡土中国》，北京大学出版社 2012 年版。

话语权。位置的变化，既是对个体的影响，又是对结构的再造。

第四类研究问题是个体在结构中的位置如何影响行为。这个问题是对前两类问题的进一步深化，举个例子，微博比较火的时候，有投资者说：考察一个创业者的能力，有个很好的指标，就是看他过去半年的微博。为什么呢？第一，发微博不是那么刻意，能够比较真实地反映创业者的状态；第二，微博上的关注与被关注，可以刻画出创业者的社交网络；第三，关注微博的时间点，会反映其工作与生活习惯；第四，根据对其微博的文本分析，可以了解其知识和兴趣图谱。这些，其实就是一个人在社会网络中的位置与行为之间的连锁关系。

第五类问题是个体行为如何影响网络结构。如果个体行为是大幅度、大范围，或者是关键性的，就可能改变整个网络的结构。比如一个关键节点，如桥（Bridge）节点、中枢（Hub）节点的变化，比如微博上大V的行为，就可能引发网络结构的动荡。

第六类问题是网络结构如何影响群体行为。这一方面的研究成果比较少。网络结构的变化可能引发网络节点的多米诺效应，引发大面积崩溃的重大事故。电网、交通网络、流行病网络，都存在这种可能。多米诺效应可能暗示了某种逻辑链条，事实上，在复杂网络上，更多的情形是，你可以发现某个区域、某个网络结构崩塌的临界点，但你未必能抓住所谓因果的链条。面对复杂的社会网络、生物网络，我们可以锁定网络的稳定性、脆弱性，给出某种可能性的描述，但很难写出确定性的议程来表达这种复杂现象。

第七类问题是群体行为如何凝聚为场力。在群体行为背后，是怎样的网络场力？意见领袖、引爆点、多级传播可能只是表象，背后的网络能量是什么？如何进一步预测这种场力对其他个体的影响？这是很实际的问题，舆论传播理论、流行病传播理论都关注这个领域。

社会网络分析，一方面是结构对行为的影响，另一方面是行为对结构的影响。群体行为与个体行为，到底会呈现什么样的格局？将这七个问题循环来看，才是演化的思想，是真正动力学的思想。研究社会网络已经有很多成果。电子科技大学周涛教授有一篇综述文章《人类行为的时空特性的统计力学》[①]，对人类行为的时空变化规律，给出了详尽介绍，在呼叫网络、社会推荐、交通问题、城市规划、流行病学等领域，都有鲜活事例。我个人比较看好中科院自动化所王飞跃研究员大力鼓与呼的人工社会和 ACP 方法（A 指人工系统 Artificial system; C 指计算实验 Computational experiments; P 指虚实系统的平行执行 Parallel execution）。人工社会的基本思路是在计算机上建立某种仿真模型、仿真环境，同步捕捉过程信息，对特定对象的复杂网络过程进行模拟，并与真实的结果相比照，进而用于预测、机理分析、解释等领域。ACP 方法可以计算出不同的情景，并且实时监测平行系统的输出状态，给出预测、优化的对照结果，是一种探索结构复杂性的好方法。

① 周涛、韩筱璞、闫小勇等：《人类行为时空特性的统计力学》，《电子科技大学学报》，2013，42（4）：481-540。

公共领域的重建

互联网思想的第三块基石是公共领域，或者叫公共空间。如果说未来会发生什么重大的社会变局的话，“公共领域的构建”一定是相当重要的一个历史进程。哈贝马斯在《公共领域的结构转型》[①]中说了两件事：一是18、19世纪公共领域的兴起，二是公共领域的衰落。我们今天所感受的，依然是“衰弱了的”公共领域。那么，互联网是否是公共领域重建的契机？怎么理解互联网背景下的公共领域？

18世纪中叶，伴随工业化兴起的，是欧洲现代城市的膨胀。大量乡村农牧场主的后代、手工业者的后代涌入城市。当他们与陌生的城市接触的时候，他们需要模仿城里人的言谈举止，需要将所有泄露自己身份的痕迹掩盖起来，需要尽快成为某个社交圈子的一员。这时，剧场、咖啡馆、公园、公共广场等公共场所大量崛起，人们热衷于无拘无束地交换趣闻，散布消息，打听别人的隐私。然而，这样的公共场所毕竟不同于雅典的广场辩论和广场政治。这里没有公共利益，只有小道消息；没有对他者的关怀，只有对陌生人的恐惧和提防。所以，当这样的公共场所“介质化”之后，就势必使某种公共空间走向衰落。所谓介质化，就是公共场所成为某些固定圈子、确定的腔调、某些流派聚焦的场合。这种圈子使得人和人之间的相处变得更加困难。这种圈子实际上对陌生感是恐惧的。

---

① ［德］哈贝马斯：《公共领域的结构转型》，曹卫东译，学林出版社1999年版。

公共领域的衰落，导致了“逃逸”的出现，不光是理论的逃逸，还包括实践的逃逸。理论方面，在后现代之后、现象学之后，理论不能正视和面对本质问题。胡塞尔尽管主张“悬置”“终极拷问”，回归到现象层面，但并不意味着理论可以从此不发声。后现代的学者拒绝承认任何“主义”的标签，但也存在着“建设性缺失”的问题。一旦你要建设性，你就必得构建某种基石、体系、假说、原则，就落入他自己唾弃、批判的窠臼。实践的逃避又是如何体现的呢？那些与主流保持距离拒绝标签的后现代主义学者们，如拉康（Jacques-Marie-Émile Lacan，1901 年 4 月—1981 年 9 月）、德里达（Jacques Derrida，1930 年 7 月—2004 年 10 月）、福柯（Michel Foucault，1926 年 10 月—1984 年 6 月）等人，他们小心翼翼地与一切“格式化语言”撇清关系，沉醉于批判的快感之中。他们批判“宏大叙事”，消解中心、消解权力、消解意义，使得任何试图重构中心、重构叙事、重构意义的图谋，都变成“自反”的悖谬。

这种理论和实践的双重逃逸，就是我们探讨互联网背景下的公共领域的一个初始条件。如果说工业时代的思维特征是“自我中心”“由内向外”的话，信息时代的思维特征则是“关系中心”“由外向内”。关系中心，即关注他者的存在；由外向内，即从关心外物到关注内心。在互联网时代，我们对构建公共空间可以有什么样的期许呢？

第一，我们知识工业时代的大众媒介把公众变成了大众（mass），变成了大批量生产，那么，信息时代的新媒介怎么让它重归公众？

第二，媒体人的把门人规则可能被颠覆。传统社会里，记者被称作“无冕之王”，被视为天道良心的载体。对于媒体这个“中介”来说，互联网首先会有一个含义叫“去中介化”[①]。媒体首先是信息的中介。“去中介化”即意味着媒介的传统信息中介角色，将被颠覆。互联网在去中心化的同时，也在去中介化。每个人都可能成为目击者、报道者，真相有赖于社会网络的长期质疑，而不是哪一个媒介观察者的断语。

第三，商业化浪潮带来什么？媒介与商业机构联盟，在现代媒介诞生之后就存在了。媒介的“二次营销”理论[②]，就是基于与商业环境的共生关系。一次营销把内容卖给受众，二次营销把有购买力和消费欲望的受众，卖给广告主。新媒体环境下，有人希望这个二次营销模式依然奏效，即媒体人操弄着微博、微信、客户端等新式的媒介武器，一边更快地售卖内容，另一边更精准地售卖广告。这是媒介的未来吗？商业该处于何种角色？

今天我们熟悉的商业环境，是与工业化进程相伴随的商业化。在这个大框架下，你可以看到GDP主义、增长导向、创富故事、金融大亨，你也可以继续看到对确定性的迷恋，对预测、控制的不可遏制的偏好。今天的商业化已经变成了癌症。很多拯救地球、绿色能源、救助欠发达地区儿童的事情，最后都不得不

---

① 顾客与生产者之间的距离快速拉近，是来自“去中介化”的趋势。以往中间人的价值是让供给与需求对接，提供媒合、信任与方便。直到有一天网络出现，让讯息能自由传达。这带来了三波产业变化。第一波：企业与消费者能自行媒合。第二波：个人与消费者能自行媒合。第三波：消费者之间资源共享。资料来源：https：//yowureport.com/19331/，2015-05-04。

② 在传媒经济学中对于媒体赢利模式的核心表述是“二元产品市场”（dual-product market），指许多传媒企业首先生产的是内容，销售给受众；然后生产出被内容所吸引的受众的注意力，再卖给广告主。资料来源：Robert G.Picard，*Media economics：concepts and issues*，Newbury Park，CA：Sage. 1989，p.124。

变成一个个项目，纳入到工业化的滚滚巨轮中，苟且存在。在工业化话语依然强大的时候，探讨未来新的商业生态、商业文明，我觉得注定是贫乏的。我们真的能从GDP导向转变为“快乐经济”吗？互联网时代最本质的经济特征，是生产者和消费者合一；在“产消合一”的框架下，快乐最重要。也许互联网会重塑人类，这种重生、新生、再造，并非全然褒义，也许还有贬义呢。

阿伦特对公共领域的阐释对我们依旧有启发意义。凯文·凯利说：“在女性扮演更重要角色之前，Internet不可能更文明。”有学者评述阿伦特，说她颠覆了几千年来男性学者沉思的装模作样。我高度认同。在公共领域里，阿伦特的观点是行动。这种行动并非单一的指称某种具体的行为，而是与言说共同交织在一起的意义的存在。意义并不先于人而存在，意义也并不先于行动而存在。她认为所有与意义相关的东西，都蕴含在真正的行动中。并且，你不是一个人在行动，是人们在行动，这样我们可以更好地理解她的公共空间。她说：“行动，是唯一无须借助任何中介所进行的人的活动，它对应于人的复数性条件，即对应这样一个事实，是人们，而不是单个人生活在这个地球上并居于世界之中。尽管人的境况的一切方面都以某种方式与政治相关，但这一复数性尤其是所有政治生活的条件——不仅是必要条件，而且是充分条件。”①

---

① ［美］阿伦特：《人的条件》，竺乾威译，上海人民出版社1999年版，第1页。

隐私与知识产权

“没有秘密的社会”，这个说法令人向往，也令人恐惧。商业社会永远在呼唤“诚信”，也永远在与背信弃义做斗争；亲情、友情永远渴望“亲密无间”，但却屡屡受到“鲁莽闯入者”的威胁；乌托邦的政治蓝图中，试图用消灭秘密来达成最广泛的谅解与合作，但同时为无所不能的老大哥留下地盘。“没有秘密的生活”，即伊甸园的生活，是纯粹生活的标志。然而，真实的社会生活每每与此相背而行。孔子（孔丘，约前 551 年 9 月—约前 479 年 4 月）悲叹“礼崩乐坏”，《圣经》称之为“原罪”。尔虞我诈、弱肉强食，以及爱恨离别、钩心斗角，使得人类代复一代地饱尝“私欲”之苦。人类在“私”的问题上，事实上落入了精神崩溃的边缘：意欲去之，心向往之。

人们在高声反对老大哥的同时，其实无不幻想自己可以坐拥山头、呼风唤雨。这其实是隐私的真相。强调保护隐私者，对窥探他者的隐私其实兴致勃勃。任何商业的竞争、政治的计谋，都离不了对他者隐私的窥探。声称隐私的放任主义者，无论多么大胆，都会为自己留下一爿隐秘的保留地。窥视的背后其实是一种焦虑感——对不确定的焦虑感。假若窥视者所窥视的世界给他一个意料之内的回声，他将因此获得存在感；假若在意料之外，他会惊慌失措。所以，思考隐私、隐私权，我们需要新的视角，需要理解复杂性，需要超越在保护和放任之间二选一的困境。在互联网的背景下，隐私的含义会发生什么变化呢？

施者与受者“同体”，是互联网下身体、思想受到约束、规训的总体特征。当施与受无法分离的时候，隐私将不是一个个体与另一个个体的紧张、斗争，而是全部集中在个体身上的斗争。一方面，人们希望最大限度地保护自己的隐私（潜台词其实是对隐私泄露带来的危害的警惕、恐惧）；另一方面，充分连接的、无边界的、彼此日益交互的互联世界，客观上已经在打破各种隐私的边界。大数据、物联网、社交网络，以至于脑神经网络的发展，已经日益将每个人的所谓“隐私”转化为能见度很高的比特信息，透过你不经意的注册、上传、购物、浏览、转发、点评等行为，“泄露”在公共平台上。换个角度说，隐私这件事将越来越难以确定，正是因为“个性化运动”的崛起。私密信息本身并不会给人带来伤害，能带来伤害的，是对私密信息的恶意滥用。所以，我认为未来互联网的隐私边界，将从定义什么是隐私，转向寻求对隐私的使用权、解释权的界定。

在所谓公民记者时代、自媒体时代，媒体传播已经泛化，任何一个架设网站，开设微博、微信账号的个体或组织，其实都是在做传播。广义上讲，人人都是传播者。在微博等公共空间，你的转发、评论，不能简单地“快意文字”，而应该有所思考。一是要看清楚现状，即在现行的法律制度下，在现行新闻工作者、法律工作者对这个问题的理解、解读、诠释的框架之下，调整自己的行为。二是不满足于表面的信息采集、故事还原、线索追踪，借助具体事例思考新闻事件的社会背景、理论价值，要善于从假设前提入手，推演它可能的变化。隐私权的立法实践，也不是一成不变的，而是与时俱进的，小尺度上如此，大尺度上更是如此。

另外，在传统媒体里，事实的核查是由媒介机构自行完成的。新媒体时代，事实的核查除了由自己完成，还可以借助广大网友的力量来“纠错”“纠偏”。当然，这种纠错机制、净化机制存在一个问题：滞后性。它需要有一定的扩散量，需要扩散一段时间，才可能得到纠正。而且，是“可能”，不是“必然”。那么，如何看待网络的这种纠偏功能？有些未经验证的信息在网上散布，事后证明是谣言、中伤，那就可能给当事人带来损害，甚至是无法弥补的损害。但是，如果僵硬地理解“事实核查”，甚至以此进行舆论干预，就大大偏离了我们讨论问题的范畴。互联网具有自我净化能力，因为它注定是构建未来公共空间的基础结构，这一结构更多是自组织的，而不是他组织的。在互联网环境下，信息传播的门槛是零。互联网注定是越来越多的连接，越来越深的连接。裸露态，是互联网无法避免的一种局面。

隐私的主体是人，机构、企业、法人不构成隐私的主体，没有隐私可言。但是，机构有秘密，比如商业机密，比如知识产权。知识产权大致分两种：版权和工业产权。版权和著作权最重要的体现是文学作品；到了电子时代，版权的外延有了拓展，除了传统的小说、戏剧、音乐、绘画以外，还包括游戏、软件。工业产权典型的就是商标权和专利权。在这里，我们主要讨论以软件为代表的新型著作权。

作为新型著作权，软件有目标代码和源代码之分。传统著作权中，可以认为只有一种“代码”，你无法想象狄更斯（Charles John Huffam Dickens，1812 年 2 月—1870 年 6 月）的小说《远大前程》有 1.0、2.0 版。把软件放到著作权法的框架里保护，有两个问题：第一，软件的版本是不断更新的；第二，软件属于“不完全交易”，你买到的是目标代码，不是源代码。传统的版权体系拿来做软件保护，根子上是有问题的。

1984年，斯托尔曼（Richard Stallman，1953年3月—　）创立了自由软件基金会。他认为，软件是人类共同的智力财富，不应该由商业公司据为私有。自由软件的作者除了拥有署名权之外，放开一切权力，比如改编、编译、重新装置、分发、多次安装等。自由软件主张彻底的共享主义。这一做法除了与商业软件势同水火之外，也面临一个实际问题：如何激励志愿者工程师？如何持续发展？1990年前后，自由软件群体出现了分化，雷蒙德（Eric Steven Raymond，1957年12月—　）提出了开源软件（opensource software）的概念，承认软件应当开放源代码，但也不排斥软件可以卖钱。时至今日，开源软件公司的境况并不舒服。商业公司对开源社区的侵蚀、并购，也带来了很多问题。开源都无法解决问题，说明自由软件的确是一个乌托邦情怀的梦想。

在工业知识产权方面，莱斯格提出了知识共享（Creative Commons，CC）协议，主张人们更灵活地进行知识共享。这方面的冲突似乎越来越小，而隐私的问题则越来越扩大化。传统的隐私观，集中在对泄露隐私带来的伤害的恐惧——无论是丧失钱财还是担忧陷入窘境。互联网环境下，新的恐惧感恐怕在于我们已经很难定义隐私。因为瞬息万变的网络存在、错综复杂的网络关系、川流不息的网络数据，都使得任何一种试图“遮蔽起来”的愿望，变得不可能实现。门已经打开，不可能关闭了。

今天的互联网，还只是互联网的史前史阶段。它脱胎于工业文明，继承了工业文明的物质，比如对速度的热衷。互联网也有它独特的、反叛工业文明的思想基础，比如拒绝确定性、拥抱复杂性，因为复杂性才是孕育生命的土壤。复杂性要求用“活”的眼光看世界，社会网络希望网络世界是有温度、有生命的，公共领域希望真正进入人的内心，这些都是围绕互联网的灵性复归。这三个领域的研究都还在初级阶段，互联网也还稚嫩。思想可以是我们的拐杖，也可以成为借口。尼葛洛庞帝在《数字化生存》里说：“预测未来的最好办法，就是把它造出来。”我们需要言说，也需要行动。我们正处于大变革的前夜——所以，我们既要承受痛苦，又要迎接曙光。

14 新媒体与公共领域的重构[①]

公共领域的兴盛和衰落，伴随资本主义工业革命的全过程。在互联网背景下，随着信息经济崛起，公共空间的重构有哪些新的可能，以及新媒体在公共领域重构中将扮演何种角色，是思考信息社会公共领域的一个重要问题。我认为，信息社会公共领域重构，要充分理解公共平台的丰富性和公共意见表达的多样性，聚焦公共领域权力、意义与秩序的建构方式，在新的互动、传播机制下探索公共领域的构建路径。

说到公共领域，很多人第一反应就是哈贝马斯 1962 年出版的《公共领域的结构转型》一书。这本书原名为 *Strukturwandel der Oeffentlichkeit*。对于“Oeffentlichkeit”一词，在汉语学界有“公共领域”“公共论域”“公共空间”等不同译法。根据国内哈贝马斯研究的权威学者曹卫东博士的解读，这个词涉

① 本节内容选编自两篇文章，原文分别为 2015 年 7 月于《新闻爱好者》发表的《传受合一：媒介融合的思想基石》（第 12—17 页）；2016 年 5 月于《民主与科学》发表的《认知重启：互联网的时代意义（上）》（第 34—38 页）。

及两个不同的层面，即社会层面和思想层面。从思想层面看，“Oeffentlichkeit”指的是个体和共同体（包括社会和国家）的一种特殊观念，是一种韦伯式的理想范型，兼有批判的功能和操纵的功能；就社会层面而言，“Oeffentlichkeit”指的是一个话语空间，它介于国家和社会之间，充当二者的调节器和修正仪。思想层面上的“Oeffentlichkeit”可以翻译成“公共性”，而社会层面上的“Oeffentlichkeit”则应当翻译为“公共领域”[①]。

哈贝马斯的《公共领域的结构转型》，总体上讲述了两件事：一个是18、19世纪公共领域是怎么兴盛的，另一个就是怎么衰落的。可以说，伴随着生产—消费领域的扩张，同步带来的就是公共空间的衰落。所谓“衰落”，就是指原本处于媒介、思想、批判领域的资本主义公共领域，蜕化为商业机构和政党利益集团的附庸，公共知识分子丧失了批判精神和批判意识。这是工业时代遗留的一大症状。可以说，公共空间的复兴是哈贝马斯所提出的一个“世纪命题”，也是当今高科技、互联网背景下亟待解决的重大命题。那么，互联网是否能够承担公共领域重建的使命？这是我们将公共领域视为互联网思想基石的一个重要原因，也是一个充满期待的历史进程。

此外，怎么理解在互联网背景下的公共领域？互联网到底为公共领域重构提供了哪些可能？这个公共领域还是哈贝马斯思考的那个公共领域吗？对于后面这个问题，我倾向于不是。哈贝马斯所处的历史环境，决定了他思考的是现代性背景下的公共领

① ［德］哈贝马斯：《公共领域》，曹卫东译，《中华读书报》，1998年11月4日。

域。互联网背景下的公共领域，一定是交织在现代性和后现代性之间的那个公共领域。

三个事例

先讲三个故事。第一个故事，是 2013 年美国波士顿爆炸案。2013 年 4 月 15 日当地时间下午 2 点 49 分，波士顿马拉松比赛现场发生爆炸惨案，造成 3 人死亡，受伤人数高达 264 人。在这次侦破过程中，警方非常迅速地启动了网友参与提供线索的机制，为迅速侦破案件提供了有力的帮助[①]。这是一个借助众包力量抓罪犯的典型事例。

第二件事情与“高频交易”有关。所谓高频交易（HFT），就是全程由计算机自动下单完成的证券交易[②]。高频到什么程度呢？就是每秒钟下单的次数会达到成千上万笔。每一单的速度是以毫秒计算的。10 年前，从华尔街涌向硅谷的高智商人群中，有一个群体叫作“宽客”(Quant)[③]，这群受过数学、物理学、金融学专业训练的高智商人士，致力于用数理模型、大数据开发各类复杂多样的金融衍生品，并使用各种专门的交易算法、风险模型进行统计套利。

第三个例子，发生在新闻传播业。2014 年 3 月 18 日，美国《洛杉矶时报》发出了第一条当地 4.4 级地震的消息，这条报道，

---

① https://en.wikipedia.org/wiki/Boston_Marathon_bombing.

② 蓝海平：《高频交易的技术特征、发展趋势及挑战》，《证券市场导报》，2014 年第 4 期，第 59—64 页。

③ ［美］伊曼纽尔·德曼（Emanuel Derman）：《宽客人生》，中信出版社 2007 年 7 月。

是由一个叫作 Quakebot 的机器人制作的。这个机器人，已经在《洛杉矶时报》运转了十多年[①]。过去一年里，机器人在新闻媒体的应用事例层出不穷。比如新华社就在财经、体育新闻报道中部署了一款叫作“快笔小新”的新闻机器人，每 3 秒钟就可以制作一条新闻。腾讯则在 2015 年年底，宣布了自己的新闻写作机器人 Dreamwriter。

通过这三个事例，可以看出互联网、大数据、算法、模型，已经深深嵌入这个世界的社会、经济、政治、文化活动中来了。但是，今天很多做新媒体或者是拿新媒体说事的，说的无非是两件事：第一是把它当投资的商机，第二是把它当作营销、套利和舆情操纵的工具。如果讨论新媒体只是从这两个角度去谈，我认为是远远不够的。我之所以举这三个例子，就是想说，需要从这些事例的背后，看到新媒体对新的公共领域构建的可能性，以及新媒体在公共领域构建中所扮演的角色和起到的作用，一定跟我们当下的想象不同。不同在哪里？就在于机器已经卷入到公共空间的日常生活中来了，它通过高频交易、机器人新闻报道、众包力量抓罪犯等方式，参与到公共空间构建中来了。这首先有别于哈贝马斯的那个公共空间。所以我们需要在新的公共领域建构的前提下，重新理解媒介的功能和公共领域的建构。

① 腾讯科技，《别惊讶，机器人才是洛杉矶地震首篇新闻报道作者》，http：//tech.qq.com/a/20140319/010344.htm。

公共领域：新媒体的变革核心

新媒体变革的核心到底是什么？这是一个重要的问题。如果仅仅把它当作新的媒体传播手段、新的事件营销方式，以及新的舆情分析工具的话，恐怕会遮蔽新媒体的重要变革价值。新媒体也不仅仅是社会互动、媒介赋权、舆论建构的新场域、新模式。我的思路是：新媒介到底为社会带来哪些重构的机会，为公共领域带来哪些重构的机会，需要在赛博格、人机共同体、平行世界、多重主体等这些全新的语境下思考，需要在人工智能、虚拟现实、大数据、机器人、区块链、物联网、分享经济等蓬勃发展的语境下思考。

今天的信息科技、纳米技术、生物技术，已经在认知科学的大背景下交织、融合在一起①。15 年前美国学界提出的聚合科技（NBIC）已经与神经科学、脑科学、人类学、心理学、历史学等高度融合在一起，人们看待人与自然的关系、人与人的关系、人与机器的关系的视角发生了深刻的变化，人具有了前所未有的“介入”生命演化历程的能力，这一能力正在悄然改变人的心智结构、认知结构。

在前沿科技与社会创新、经济发展密切交织在一起的时候，我相信五年后、十年后，这个世界会变得“面目全非”。我们思考新媒体和公共空间的语境一定会发生重大的迁移，不能仅仅认

---

① Cognitive Science,1978:Report of the State of the Art Committee to the Advisors of the Alfred P. Sloan Foundation；October 1, 1978；参见：http：//csjarchive.cogsci.rpi.edu/misc/CognitiveScience1978_OCR.pdf。

为新媒体是帮助媒介机构渡过一个什么样的关口，也不要指望新媒体是为了帮助某一派去战胜另一派，我认为这都是非常狭隘的。

互联网对今天大学里教授的学科，如经济学、社会学、传播学和政治学，以及这些学科的立足之本，提出了严峻的挑战。互联网最先挑战的是经济学。从电子商务开始，互联网就对经济学的基本假设提出挑战，比如物质的稀缺、人是自私的、分工创造财富，等等。今天曙光初现的分享经济，让人们看到了合作也是人的天性，看到了这个信息富足的社会，以及多种可能性的社会。从规模经济到范围经济，将信息视为新的生产要素，跨越企业边界的融合创新，自由职业者的自由联合，这些都会深刻地改写传统经济学的教科书。

社会学的学理基础也面临巨大的挑战。过去传统社会学从法国思想家孔德开始，到今天仍然没有脱离一个基本假设，就是用结构动力学观点看待社会的组成要素、组成原则和运行规律。这完全是牛顿力学的观点。在今天互联网网民已经超过自然人口一半的情况下，在智能终端业已极大地塑造了人们的日常行为的情况下，人与人的连接成为常态，连接成为不可忽视的社会纽带，基于这种连接的信息流动、情感流动、思想流动，成为塑造社会阶层、社会结构、社会组织的重要力量。

还有一个就是政治学和传播学。与罗斯福（Franklin Delano Roosevelt，1882 年 1 月—1945 年 4 月）被称作“广播总统”、肯尼迪（John Fitzgerald Kennedy，1917 年 5 月—1963 年 11 月）被称作“电视总统”相仿，奥巴马（Barack

Obama，1961 年 8 月— ）被称作“互联网总统”，而新当选的川普（Donald Trump, 1946 年 6 月— ），则被称作“社交网络总统”。当社会运动、社会民意随时在虚拟空间传播、散布、流动的时候，虚拟空间里凝聚的政治表达、政治意志、政治团体，就成为不可忽视的力量，并与现实世界形成强烈的互动。西方学者已经在非常宽泛的领域，研究“实时全民公决”随时可以发起、可以进行对当下政治意味着什么，研究性别政治、身份政治在互联网赋权机制下的新内涵和新表征。今天的政治学，一方面进入了大数据、人工智能、虚拟现实等炫酷科技下的计量政治学，另一方面又在强大的、汹涌而来的草根民意下，瞬间瓦解。川普胜选，或可作为反思传统政治学准则的一个参照。

传播学也是如此。传统的传播学是奠基在旧的信息理论的基础上的。消息、信息，被视为可以“搬运”的箱子。媒介的物理功能，就是扮演搬运信息的角色，致力于消除信息不对称，并将此上升为“看门狗”“把门人”的道义高度。然而，200 年来伴随工业资本主义兴盛的历程，已经充分说明这样的事实：媒介机构已经沦落为权力意志的附属品，沦落为权势集团、利益集团的代言人和帮凶。这是媒介的真实生态。这也是哈贝马斯分析资本主义公共空间从兴盛到衰落的重要结论。

新媒体变革的核心问题，是如何面对公共领域的重构的挑战。公共领域的重构，并不是“恢复”到过去那种公正、中立、圣洁的状态。今天的公共空间中充斥着多样化的意见表达、情绪表达，充斥着后现代元素，比如恶搞、拼贴、反讽、人肉、卖萌，这些新媒体事件以后现代方式展现自身的存在，参与、互动、自我表达并非可以用过去的分析框架、分析工具予以收编和综合。公共空间并非静止不动的同质空间，而是高度变异的异质空间。这首先提出一个问题：公共领域的“重构”意味着什么？公共领域的“重构”，是传统的建筑师、工程师的风格吗？这种重构如何冲破工业主义的逻辑，如何体现互联网的风格，体现自组织的涌现呢？这是理解公共领域重构的思想基础。

新媒体与公共领域重构的关系

借助互联网和智能科技，新媒体让我们进入了触觉时代。触觉感知和以往通过视觉、听觉感知很大的不同就是：触觉是非线性的。这对于媒介而言是一件大事。传统媒介之所以受到互联网、新媒体的巨大冲击，就是因为过去的广播电视、报纸杂志，它是线性叙事。线性叙事的法则，就是传播过程是顺次展开、先后相继的。但是触觉叙事是可以边“摸”边看的，它可以同时进行。这种媒介内容生产与消费的“并置性”“同时性”，是新媒体非常重要的特点。超链接、超文本和交互叙事，完全解构了传统的线性叙事，展现出一个去中心化、去中介化的“互文空间”。互文，就是不同文本之间的对话。

在这种境况下，媒介机构已经不可能通过控制节目单、栏目设置、选题来控制议程，掌握话语权。隶属于传播者的话语权已经被传播者和受众共享。工业时代的大众媒介把公众变成了大众（Mass），变成了大批量生产。信息时代的新媒介具备了让大众重回公众的可能性，这是公共空间、公民社会得以成立的基础。

但是，“重回公众”依然面临两重困难：第一重困难，是工业社会对大众均质化的洗刷，造就了大众人格的标准化，甩干了灵魂，掏空了思想，抹平了差异性和个体性。当大众掌握传播工具，“人人都是记者”的时候，率先出现的是“思想的平庸化”。那些博眼球、博出位的自媒体大V，熟稔商业包装和操作手法，将“粉丝经济”“眼球经济”玩得炉火纯青，表面上看热闹非凡，实则为“重回公众”设置了更大的障碍。

第二重困难来自技术。大数据、人工智能的滥用，让技术至上主义者攫取了极大的话语权。议程设置、意见表达、特征提取、舆情捕捉，已经可以完全自动化进行，社会结构和社会互动中被机器所操纵的部分变得日益隐蔽，表面上看多样性空间五彩斑斓，实则背后有技术之手的调适和操控。灌水、脱敏、褪色、美颜，工具所营造的戏谑氛围和消费空间，令话语场陷入“10秒钟注意力”的窘境。公共空间如果“严肃不起来”的话，何谈公共意识的复兴？

这两个挑战，背后其实是传统学科学理基础的挑战。换句话说，新闻学、传播学、政治学、社会学，等等，其立足之本、基本假设面临挑战。

举例而言，传统媒体的一个基本假设是“把门人规则”，记者被称为“无冕之王”，媒介的中立属性、公共属性受到尊重和恪守。但伴随互联网“去中心化”浪潮的发展，媒介的生产方式和媒介使用方式均发生了巨大的变化。第一现场、目击者、见证人的身份，不可避免地大众化了。媒介消费也进入“即时消费”“边生产边消费”的双向循环。媒介的价值不再是信息传播者，而是信息汇聚者、价值呈现者了。很多传统媒体的焦虑正在这里。中介性是媒介的立足之本，这一点似乎无可争辩。媒介作为一个行当，特别是作为靠发牌照才能获得合法性的特殊行当，中介的合理性，就被误以为也是靠发牌照来保证的——这一点恰恰害了媒体。发牌照，只是说你的运营合法性，但不是你的“中介合法性”。很多传统媒体没有看清楚这一点，于是就希望官方总是用牌照来设置门槛。互联网对这种做法是嘲笑的。

这种嘲笑不能说毫无道理。有牌照会有秩序，在工业版图下有它的合理性。去中介化之后，把门人规则失效了，门槛变成零了。传播学或者新闻理论，对媒介身份的认定，恐怕就不能将“中介”看作一个本质特征了。当然，媒介依然担负着传递信息的责任，但在“去中介化”趋势下，媒介不能将“中介”视为自己独特的权力。每个人都可能成为目击者、报道者，真相有赖于社会网络的长期质疑，而不是哪一个媒介观察者的断语。可以说，不管你高兴不高兴，传播就是零门槛。

在这种情况下，传统媒介的生产方式、组织方式、售卖方式、消费方式都发生了巨大的变革，面临巨大的挑战。媒介的公众价值和商业价值如何再次协调、统一起来，成为一个新的挑战。这个挑战的核心就是：新媒介能够肩负公共领域复兴的使命吗？

我认为，试图回答这个问题，就需要重新审视什么是未来的商业。今天我们熟悉的商业环境，是与工业化进程相伴随的商业化。在这个大的框架下，你可以看到GDP主义、增长导向、创富故事、金融大亨，你也可以继续看到对确定性的迷恋，对预测、控制的无可扼制的偏好。今天的商业化已经变成了癌症。这不单是人和环境、人和自然、人和人的关系问题，还有国家和国家的问题，群体和群体的问题，还有人和人自身的历史的问题。全球都是如此。很多拯救地球、绿色能源、救助欠发达地区的儿童的事情，最后都不得不变成一个又一个的项目，纳入到工业化的滚滚巨轮中，苟且存在。在工业化的话语依然强大的时候，探讨未来新的商业生态、商业文明，我觉得是注定贫乏的。“GDP 导向”批判，不是喊两句口号，也不是把 GDP 刷成“绿色”就能够实现的。这需要根本上的转变，当然也不是一两天就能够发生的。

公共领域重构的反思

公共领域重构与经济发展模式转变有密切的关系。在经济领域，会发生哪些深刻变革呢？分享经济的兴起已经初现端倪。除此之外，对 GDP 的追求，或许会逐渐转到“快乐经济”，转向“全民总酷值”，从有限经济转向普遍经济[①]（巴塔耶的观点，我觉得值得系统研究）。在经济社会发展中，不再狭义地追求 GDP，扬弃“生产和消费两分法”的思想，认识到互联网时代最本质的经济特征，是生产者和消费者合一（Prosumer）[②]；生产与消费不再是相互剥离的过程，而是“同时”“并发”的历史进程。必须看到，生产中凝结着消费，生产本身就是消费；消费中孕育、滋

① ［法］乔治·巴塔耶（Georges Bataile，1897—1962 年）：《色情、耗费与普遍经济：乔治·巴塔耶文选》，汪民安译，吉林人民出版社 2003 年版。

② ［美］托夫勒：《财富的革命》，吴文忠译，中信出版社 2006 年 6 月。

生着生产，消费本身就是生产。在“产消合一”的总框架下，什么最重要呢？Happy（快乐、幸福）最重要，玩儿high（玩儿得尽兴）最重要。其实真正的happy，并不需要消耗很多东西。95%的东西是被浪费掉的，而不是被消费掉的。正如白炽灯泡一样，白炽灯95%的电能是被消耗掉的，而不是被用来点亮的。白炽灯是工业时代的象征。对真正的快乐和幸福来讲，95%都与它无关，都被浪费掉了。不是消耗在这个领域（比如经济领域），就是消耗在那个领域（比如社会领域），或者消耗在某些“伪公共领域”。

公共领域的构建，就是公共领域要与快乐经济结缘。公共领域的职能，已经超越了批判阶段，它并非要杀富济贫，也不要自恃正义。公共领域并不是要介入到传统工业经济的某种游戏中，扮演某个仲裁者、制衡者的角色。它需要新的游戏，这种游戏事关人的连接、人的行为、人的认知。关于人的游戏，要重新改写、重新改版，这才是互联网对公共空间真正的颠覆。

按照桑内特（Richard Sennett）的观点，资产阶级公共领域的衰落，与传统媒体的侵蚀不无关系[①]。今天的媒体新生代已经感受到了自己所肩负的双重使命，就好比一个身患绝症的人依然要拉家带口，要支撑家业一样。传统媒体就处于这样一种状态，它自己已经身患重病，但依然不得不受到商业变革的胁迫、政治对垒的绑架——更重要的是，它迫切需要自己的新生！

从这个极度痛苦的煎熬中，我们看到公民记者、自媒体、公

① ［美］桑内特：《公共人的衰落》，李继宏译，上海译文出版社2008年7月。

民新闻这些东西已经在顽强地生长，在风起云涌地展开，好比春风化雨一样，在不知不觉的过程中尝试着为我们找到一条此前并不存在的道路。展开的过程中我们会遭遇到很多现实的焦虑。你会遭遇到很多揪心的问题，比如你依然会问：是否存在新闻真实？新闻的价值到底是什么？但无论如何，一定要常怀“超越”之心。“超越”和“求解”是两种不同的心态。“求解”就是典型的工业思维，认为这道题总是可以解出来的，解不出来要不是你笨，要不就是这道题出错了。但超越思维不是这样，它是承认这道难题之所以“难”的合理性。“超越”就是先把它放下，搁置起来。超越，就是承认某些问题一时间难以获得最终的解答，甚至不存在一个一致同意的答案，在这个前提下，如何看待公共空间的秩序？这是互联网环境下提出的一个新问题。

在这种处处两难、时时纠结的情况下，我们需要的是更大的画面，是远景的画面。这就是互联网对人的重塑，互联网一定是对人种的重新塑造。从根本来讲，信息的自由流动其实是很朴素的、其貌不扬的一句话。就像微博上说的一句话：转发就是力量。比如“公共领域”这个词的确不错，但是它忽略了很多难题。其中一个难题，就是无论哈贝马斯还是阿伦特，他们都没有见识过“草根的世界”。草根的世界，今天看貌不惊人，其实里面蕴含着大量前所未有的新意。

其实，不管这是否荒诞，我们需要承认，未来虚拟空间这个领域不能忽视。我们现在还是在用传统的视角看待和使用互联网，但是将来它要变成你真正的生活场所的时候，会怎样？那时候康德和黑格尔，就只是一种思想的道具，人们还会有其他思想的道具，那时候新的哲学思想会是什么？我觉得，公共领域的构建，真的忽略了机器进步的步伐，忽略了互联网带来的变化，也忽略了脑神经网络对社会记忆的颠覆。托夫勒曾经说，互联网是一个巨大的社会记忆体。三十年前他就预言，我们有很多记忆会交给网络，人脑的记忆体将来的分工会发生变化，人脑中 80% 的东西将来要清空，要让互联网承担记忆的功能。如果集体记忆发生转向的话，会是一种怎样惊人的画面啊！

所以，当我们真正站在互联网和新媒体的角度下看待公共空间构建的时候，我们不能仅仅把互联网当作工具，当作物理性的。当然现在互联网的成熟度还很低。我主张说，现在的互联网还是幼年期，甚至胚胎期。今天的互联网不要看它很牛，很让我们张皇失措，但其实它还很小很小。这其实还只是互联网的史前史，它需要经历艰难的"解毒"过程。解什么"毒"，就是解工业化之毒。说到这里，大家可能会以为互联网与工业化是势不两立的。不是这么简单。互联网脱胎于工业文明，一定继承了工业时代的特质，比如对速度的热衷。但互联网一定有它独特的、反叛工业文明的思想基础，比如拒绝确定性、拥抱复杂性，因为复杂性才是孕育生命的土壤。

哈贝马斯与阿伦特的差异

依据哈贝马斯的论述，他心目中理想的公共领域是 18 世纪自由资产阶级的公共领域，在那个时候，资产阶级中有教养和卓见的阶层，自发地聚集在被称为公共领域的公共空间，如咖啡店、沙龙等场所，自由论政、高谈阔论、臧否时代，充分发挥公民社会制衡政府的作用。但是，这种理想的公共领域却在伴随资本主义日益发育的过程中，不可避免地走向空洞、虚饰，甚至反动。哈贝马斯说，“尽管它依据一种理想来表达自己，比如所有公民都可以参与讨论，但在实践上这种理想远未达到。劳动阶级被排除在外，这就意味着一些根本的问题被排除在讨论之外。在权力和经济利益方面，公共领域的参与者是同质的。资产阶级任何成员之间的个体差异主要是经济利益，并在市场中表现出来。存在于劳动阶级和资产阶级之间的巨大经济利益冲突并不在讨论之中。实际上，这种利益冲突甚至在政治上不被承认。”[①]

18 世纪建立起来的公共空间，之所以注定会走向衰落，根由就是哈贝马斯总结的“系统世界对生活世界的殖民化”。在日益臃肿、官僚的资本主义国家制度、上层建筑建立起来之后，商业机构和媒介机构，政党门派和权势集团各自找到了自己在庞大社会阶层中发声的位置。社会公众被编排进工作计划、生产计划的同时，也成为选举计划、罢工计划、斗争计划中的“棋子”。公民丧失了独立批评的可能，并非因为他无法发声，而是因为他的发声无法与体制化的声音相抗衡。

虽然哈贝马斯的公共思想源于阿伦特，但哈贝马斯“男性哲学”“沉思哲学”的痕迹非常重。相比之下，阿伦特独特的女性视角，使得她更是亚里士多德政治学很纯正的继承者。亚里士多德讲，人是政治性的动物，阿伦特在努力地还原到亚里士

① ［英］埃德加（Andrew Edgar）著：《哈贝马斯：关键概念》，杨礼银等译，江苏人民出版社 2009 年版，第 38、125—127 页。

多德那个层面的政治观。这个政治观，与马基雅维利（Niccolò Machiavelli，1469 年 5 月—1527 年 6 月）[①] 的政治观是背道而驰的。马基雅维利的政治是世俗的政治，而亚里士多德的政治保有一定的崇高的味道。

此外，阿伦特跟哈贝马斯很大的区别在于对待理性的态度。阿伦特是个行动主义者，她看重行动，当然她也看重言谈。但言谈的含义，更像奥斯汀所说的“以言行事”。哈贝马斯看重的是什么？表面上看，哈贝马斯从对资本主义的批判入手，通过商谈互动、回归生活世界，建立普遍价值和共通的存在感。他同样看到了言谈和行为的重要性，但并没有放弃理性的终极作用。阿伦特跟他很大的不同在于，阿伦特基本上没有用“理性”这个词思考过公共领域，这一点上，她是尼采式的。尼采就非常痛恨“沉思”这个词。

阿伦特的公共思想里有几个重要概念。一个是“人是复数”。在阿伦特所谓私人领域和社会领域中，人都可以是单数的存在，甚至可以说是以自己为中心的。他的劳动和生产，都围绕自己的需要而展开。这当然是合理的，但仅仅这样，就是有问题的。所以阿伦特在公共领域中提出了人是复数的存在，即人存在的价值必须以他人为前提。人必须以他人为前提，这也是存在主义的一

① 马基雅维利，意大利政治思想家和历史学家。在中世纪后期政治思想家中，他第一个明显地摆脱了神学和伦理学的束缚，为政治学和法学开辟了走向独立学科的道路。他主张国家至上，将国家权力作为法的基础。他是名副其实的现代政治思想的主要奠基人之一。马基雅维利是中世纪晚期意大利新兴资产阶级的代表，主张结束意大利在政治上的分裂状态，建立强大的中央集权国家。他在其代表作《君主论》（1513）中认为共和政体是最好的国家形式，但又认为共和制度无力消除意大利四分五裂的局面，只有建立拥有无限权力的君主政体才能使臣民服从，抵御强敌入侵。他强调为达目的不择手段的权术政治、残暴、狡诈、伪善、谎言和背信弃义等，只要有助于君主统治就都是正当的。这一思想被后人称为“马基雅维利主义”。

种思想，但她比存在主义更加阳光、更加积极。存在主义者萨特（Jean-Pau Sartre，1905年6月—1980年4月）有一句名言：他人即地狱。但是在阿伦特这里，不是这样。她认为只有他人的存在，才能证明自己存在的价值。

第二个关键概念是“行动”。这里是体现她作为女性思想家最为重要的思想，和哈贝马斯非常不同。哈贝马斯的讲法是“沉思”。就是罗丹著名的《思想者》雕塑的那个样子。沉思就等于理性。沉思的目的是什么？就是将这个世界的终极真理一眼洞穿。沉思就是试图得到超越个体、超越群体，甚至超越时间的见解，希望一劳永逸、永恒地解决内心的疑惑。康德、黑格尔都是这个样子的。这就是男性哲学的突出特征。在阿伦特看来，柏拉图以来的政治哲学不再是建立在行动者的真实政治经验上，而是建立在哲学家的经验之上。哲学家孤独地思考，然后再从思考中回到现实来处理他们并不理解的世界。即自柏拉图以来，政治哲学是从哲学家的观点，而不是从政治行动者的角度发展而来的。[①]

在公共领域里，阿伦特的观点是行动。这个行动并非单一的指称某种具体的行为，而是与言说共同交织在一起的意义的存在。这种意义并不是像油漆一样，随便在那个对象上一刷就有了意义。意义不是刷上去的。意义并不先于人而存在，意义也并不先于行动而存在。意义不可能预先灌制在某个地方，只等你去打开它、看到它、消费它。并不存在你在行动前就能知晓、洞察，

① 陈高华：《哲学与政治：阿伦特的政治哲学之思》，《社会科学》，2006年第5期。

并且在下一步即将迈向那里的什么伟大的意义。这是有问题的，这是历史决定论。某些社会历史学家们，按照历史决定论的思维模式，假设了人类历史的伟大进程，又告诉我们这一进程被切分成几段，又告诉我们下一阶段一定比上一阶段好，告诉我们这就是历史的必然，是不可逆的——这种东西在阿伦特这里是毫无价值的。

更进一步，把复数的人和阿伦特的行动的含义放在一起，就可以更好地理解阿伦特的公共空间。她说，“行动，是唯一无须借助任何中介所进行的人的活动，它对应于人的复数性条件，即对应于这样一个事实，是人们，而不是单个人生活在这个地球上并居于世界之中。尽管人的境况的一切方面都以某种方式与政治相关，但这一复数性尤其是所有政治生活的条件——不仅是必要条件，而且是充分条件。”[①]

她认为所有与意义有关的东西，都蕴含在真正的行动中。并且你不是一个人在单独行动，因为你是复数。你只有在行动的过程中才能获得意义。这种行动的思想，既不是第一个私人领域里的艰辛的劳作，也不是第二个社会领域里的思虑盘算、钩心斗角。第三个领域，即公共领域里的行动就更加映衬了一种共属于个体与他者的“间性”的存在。它是一个过程，是一种状态，一种真正的精神解放的状态。

然而，值得注意的是，公共空间的复兴，并非简单是哈贝马斯或者阿伦特公共思想的复兴。我们的下半身其实还浸泡在传统

---

① ［美］阿伦特：《人的条件》，竺乾威译，上海人民出版社 1999 年版，第 1 页。

文化的“溶液”里边。传统的理性思维、科学精神、历史的进步论，这些术语都需要打上引号。但是，“批判”一语的含义需要更新。批判并非驱逐，更不是替代。利奥塔反对“宏大叙事”，德里达消解“意义”，福柯颠覆“权力”，他们都对建构一语保持缄默。他们担心一旦建构，便成为新的宏大叙事，新的僵化的意义和权力。这说明后现代者对现代性的批判固然深刻，但对现代之后可能是什么一无所知。现代之后，我们迎来的互联网，也许会给宏大叙事留下地盘——给宏大叙事留下地盘，本身并不错——关键要看留下什么样的地盘。如果对这个问题没有很好的反思，或者反思没有变成集体记忆的话，宏大叙事早晚会卷土重来。

这个时候，我们需要警惕对宏大叙事的批判，并不是把它扔到历史的垃圾堆。互联网本质是一个快乐的世界，快乐的特点是一个字：“玩。”“玩”不是玩世不恭的“玩”，“玩”就是当下的快乐，但又不是“及时行乐”。比如拿“老大哥”来说，我概括为“跟老大哥一起玩”。因为“老大哥”总会以这样或者那样的方式出来，这里不能用“纯净水”思维。所谓“宏大叙事”的要害在“宏大”而不是“叙事”。不要试图从外到内地感动自己，以为自己可以手拿把攥地掌握终极的真理，成为正义的化身，也不要试图用一种暴力去取代另一种暴力，两种暴力在实质上是一样的。所以需要跟“老大哥”一起玩，陪“老大哥”一起玩。这才是互联网的公共精神。它不是把某些东西藏在自己背后，然后去攫取资源、攫取权力，为自己背后的那点东西忙活。这些问题不解决，我们就依然生活在工业时代的延长线上。

公共空间本质上是一种“间性”空间。通俗地说，就是公共空间本质上是一个“你中有我，我中有你”的空间。必须承认这一点，而且要心甘情愿地承认这一点。其实过去一百年来的思想已经触摸到它了，比方说荣格的心理学，阿尼玛和阿尼姆斯的原型，本来就是雌雄同体的。这种间性思维非常重要。公共领域是一种饱满的空，而不是一种充盈的实。我非常欣赏阿伦特把它叫作一种行动的领域。行动，通过对话、通过言行来完成完全脱离物质利益狭隘视角的空间。这是一个非常好的隐喻。

公共领域的新土壤

如果我们要谈公共空间的重构，我认为有三个前提和一个土壤。这三个前提分别是：公共平台必须足够丰富，意见表达必须足够多样性，权力的赋予与消解在同步发生。

公共领域的意见表达，在社会学、政治学和传播学上有一件事情必须得到突破，它就是“意义的生产”。过去我们习以为常的意义的生产方式是可以事先生产出来，传达给另外一个人或者另外一群人，在碰撞下能否达成共识。这是已经注定要过时的意义的生产方式。这种意义的生产方式有一个致命的假定，就是假定意义可以事先生产出来。这是错的。意义不可能事先生产出来，意义只能是边生产边消费，不可能先生产再消费。这种情况下，意义的生产方式注定发生重大变化。

其次，公共领域事关权力的重构，事关权力的赋予和消解。福柯不但对权力、对赋权、对话语和知识怎样结成权力有重要的剖析，更重要的是指出一种可能，赋权和权力的消解必须同时存在。赋权不再是某种授予，中国人也在讲君权神授，西方人也在讨论权力到底从何而来。我认为这个问题在今天看来，虽然没有解决，但已经变得不是一个问题。权力从何而来这个问题不重要了，重要的是权力如何运作。权力的授予和消解一定同时存在。

公共空间的土壤是什么？就是大数据，无处不在的大数据，甚至是大数据哲学，它会带来古希腊时期非常喜欢的流动性哲学（即赫拉克利特的哲学，而不是柏拉图的哲学）。我们今天看到物质的流动、信息的流动、资本的流动，未来可以看到更多的思想的流动。这些流动性的市场一定会仰仗大数据，但这个大数据不是采样，它是实时的，它是一种“呼吸”，它是“活”的大数据。

这样就带来了新媒体的三个值得关心的问题。

第一，我们需要重新看待人。我们需要重新回到人的本源来思考人。这个人已经被机器包裹，这个人和机器的边界无法区别，界面已经消失。这个时候再看人的欲望到底是什么，它是如何满足的。第二，我们需要看到社群的本质，重新理解关系，重新理解跨主权的主权消解。第三，我们需要了解什么是公共秩序以及重新定义秩序。秩序是“长”出来的，而不是授予的。

在这种情况下，新媒体到底新在哪里？我们认为需要考虑到三种情况，新媒体是结构性的嵌入，它是一种新物种的诞生，它是全新的体验。

传播到底是什么东西呢？我个人觉得传播再也不是搬运工的角色，传播不是为了消弭信息的不对称。麦克卢汉讲“媒介即信息”，这句话已经被解读了半个世纪，但我个人认为这句话的解读依然不深刻。“媒介即信息”是彻底告诉我们，不要试图把媒介分成媒介所承载的内容本身和作为载体的媒介，这样的两分法已经完全失效了。

在我们思考新媒体、新媒体的未来以及新媒体带来的变化的时候，要时刻警惕今天思想的底座、知识的底盘、思维的框架，在百分之八九十的可能性下都被绑架在传统的底座下。由于过去学科的专业化，使得文科背景的人不善于搞算法，忽略了高频交易、高频的意见表达、高频投票的可能，甚至是平行空间，我们认为它只是存在于科幻世界里。公共领域的确是非常棒的词，可能我们会忽略掉这些。第二个就是我们下半身可能泡在工业社会。我们仍然相信理性，仍然相信至善，仍然相信可能达成共识，我们对知识和确定性依然非常迷恋。我认为这些后面都需要带一个问号。在这种情况下，也有可能更加需要担心的是，当我们努力建构一个新的世界、新的话语场的时候，会不会为宏大叙事或者新版本的宏大叙事留下地盘，或者说我们为老大哥赋予什么样新的可能？未来我们将怎么样跟这些老大哥一起来玩耍、戏弄，这是一种什么样的图像？

在这种情况下，我借用阿伦特和哈贝马斯的两种公共空间理论，我们需要看到以哈贝马斯为代表的男性哲学统治了思想界 2000 年。在这种情况下，如果把今天的互联网看成有生命的、看成有灵性的、有活性的，不得不让它注入更多的女性的色彩。公共空间一定需要一种柔性的、间性的，或者说跨界的思维方式，只有这样，新媒体和公共空间如何重构才会获得最佳的思想基础。

最后是我的三个想法。

第一，我们已经不得不进入到一个平行世界，一定需要深刻地理解平行世界各种可能性都同时在场。不要试图用一种可能性去摒弃或者打击另外一种可能性。我们不如用戏弄、戏谑，甚至嘲弄、自嘲这样的方式。所有的物种都有理由存在。今天只是所有物种滋长的时刻，不要有太多的功利心。第二，媒介受到的挑战依然加剧，而不是减轻。这是因为对媒介的挑战已经从去中心化进入到再中介化的时代。媒介的未来到底是什么？我也不知道，我也很忧虑。第三，新的媒介生态，如果媒介有存在的理由或者新生的理由，媒介一定要学会看待未来的世界。用你饱含柔情的、充满温度的眼睛看这个世界，你必须学会看到不确定性、多样性、丰富多彩的世界。同时，又相信秩序会从这里诞生。

15 意义互联网：新轴心时代的核心思想[①]

从直立人到智人演进的数百万至数十万年尺度看[②]，人类经历了两次重大的认知觉醒，一次是具有交际功能的“前语言行为”长达200万年的磨砺，一次是具有象征符号表征能力的“后语言能力”的出现。[③]前一次为“自我意识”的萌生，后一次则是抽象认知、思维能力的建构。当然，这两次都不是在短暂的时间窗口内完成的。本文认为，互联网引发的深刻变革，正带来第三次人类心智模式的觉醒。这次觉醒的总体特征是人与智能机器所缔结的“生命共同体”的共生演化，这将开启人类演化的新纪元。本文围绕意义构建对人类心智觉醒的重要性，探索和思考互联网背景下人类思想重塑的可能，以及万物互联的未来景象。

---

① 本节内容选编自《重新定义一切：如何看待信息革命的影响》（信息社会50人论坛主编，北京：中国财富出版社2017年12月，第一篇，意义互联网——新轴心时代的核心思想，第22—29页）。

② 吴汝康：《古人类学与今人类学》，《国际社会科学杂志》，1989年第2期，第83—88页。

③ 李讷：《人类进化中的“缺失环节”和语言的起源》，《中国社会科学》，2004年第2期，第162—177页。

新轴心时代：对后天的想象力

20世纪80年代以降，世界史学思想出现重大转向，即从狭隘的西方中心主义史学方法，转向平等看待不同区域、不同文化的历史价值和作用，相互影响和迁移的新全球史、新世界史的视角[①]。这在思想史上，是一个极其重要的趋势。原因在哪里呢？

一直以来，我们所谓之历史，其实是“征服史”（无论对外，对自然，对人类，还是对自我，对内心）。也就是兰克史学所谓之帝王将相的“政治史”。包括希罗多德（Herodotus，约公元前484年—前425年）记述希波战争的《历史》，修昔底德（Thucydides，约公元前460年—约前400年）的《伯罗奔尼撒战争史》，到塔西佗（Publius Cornelius Tacitus，约55年—约120年）的《罗马史》，基本都是讲述征服史。

西方语境下“文明”的含义，就是“启蒙发愚，化成天下”的意思。东方也差不多（差在一个讲“文明”，一个谈“文化”）。最早的史书《竹书纪年》《春秋》《左传》等，其实也是帝王将相编年史。所以，从新史学的意义上，世界史才刚刚开始。当然这里指的是“对话史”刚刚开始，而不是“征服史”。过去是征服史，这个征服跟蛮荒时代的征服其实没有本质的区分，都是“强加于人”，或者“强加于‘他者’”。雅斯贝尔斯所谓“轴心时代”，也不过是说对这种“征服史”的情景，达成一个共识，那就是“己所不欲，勿施于人”的金规则。所以我觉得

① 张井梅：《现代西方史学衍变的一个侧影——从汤因比到斯皮尔》，《云南大学学报：社会科学版》，2017年第2期，第65—67页。

世界历史可以说是重新开始，我把它叫“新轴心时代”。

有文字记录以来的人类历史，用“轴心时代”来解释，已经有太多的文本和解释，甚至成为定论了，大家都接受这个。这个解释框架很好使，基本上也就这样。“轴心时代”最重要的命题，就是“人的觉醒”①。所谓“觉醒”，就是忽然之下关心起“我是谁，我何去何从”的问题，忽然之下关注起“抽象的本源”问题来了。而且关心这些问题的核心要点，是“自我意识的萌生”，或者说是“自我的觉醒”。不过，轴心时代还只是第二次人类语言能力出现之后，抽象思维觉醒的顶峰，而不是第一次觉醒。

第一次觉醒是指什么？这个只能猜一猜。如果说第二次觉醒，指的是定居文明、农业文明和书写文字出现的数万年尺度的话，我猜第一次觉醒，应当指的是涵盖能人、直立人到智人，数百万年人类采摘狩猎、四海为家、四处迁徙的漫长时期，是手势、体态语言和前语音出现的数十万年、上百万年尺度。简单说，语音先于文本。当然这是一个无比宏大的话题。

互联网时代是新轴心时代的开启。当然这个新轴心时代并不是取“轴心时代延伸线”之意，也只是为了表示方便。今天有很多冠以“新”的词语，新经济、新治理、新商业、新文明之类，冠以“新”字，其实也只是想说“与上一个不同”，但到底哪里不同，一时还说不清楚。姑且一说，新轴心时代，我觉得它的主要特征就是对话，是人与机器的对话，机器与机器的对话，是赛

① ［英］凯伦·阿姆斯特朗：《轴心时代》，孙艳燕、白彦兵译，海南出版社 2010 年 5 月。

博格（Cyborg）与赛博格的对话。新轴心时代下的世界史，是以连接、对话、交互为根本特征的。

2016年起，我使用“认知重启”作为讲述互联网思想的一个总标题，但总体看来，互联网当下的思想状态，可以叫“穿新鞋，走老路”。穿的什么新鞋呢？穿的是连接一切，穿的是虚拟现实、人工智能、物联网、大数据，这个叫新鞋。但是我们走什么老路呢？走的就是“主义之争”，走的是“什么是幸福生活”“构造美好社会”“天下大同”“天下主义”“世界主义”等，都叫老路。这个老路，在轴心时代2500多年里面，这个牌局已经反复玩过很多次了，可以说没有什么太多的花样了。

但是现在因为想象力的贫乏，特别是对未来想象力的贫乏，导致我们不停地穿新鞋走老路。就是老拿新的东西，想把过去的戏码再演一遍，这是个大问题，所以我特别赞成梁春晓先生的“后天论”。“后天”隐喻很重要，它意味着要重新想象尘埃落定后的未来。因为言说明天的上帝都是现成的（固然有很多争议），但它的言说框架是显性的、成型的，版本也很多。但“后天”是什么？这一定是需要很大的跨越才能回答的问题。这个“后天”，到底是什么？

后天，很容易被想象成明天的自然延伸。这就坏了。后天只是一个隐喻。是为了方便才这么说。后天如果被拿来解决昨天到今天，再到明天的那些个“遗留问题”的话，就不是我理解的那个“后天”。

我理解的后天，首先是基于“前天”而不是“昨天”的。昨天是明天的对仗，前天才是后天的对仗。对仗，也只是为了解释方便才这么摆放，不必过度解读。

昨天—今天—明天，这个我在课堂上称之为“三天史观”。所谓三天史观，有两个最主要的特征：一个就是相信“定数”，可以称之为“确定性崇拜”。对世界本源的探究，就是前述第二次觉醒的展开。这一历史轨迹的展开，奠定“确定性的寻求”（杜威 1929 年 Gifford 演讲的题目）这一史观路径。可以说，轴心时代之后的文明展开，就是不停地重复“确定性寻求”（也称之为探求真理）的过程。

另一个，就是书写文明。轴心时代之后文明最大的表观特征，就是书写与语音的剥离，书写渐渐战胜语音，成为第一位的存在（这个是我感兴趣的一个大话题）[①]。语音时代的一个显著特征是“在场”“在线”“亲自”，文本时代的特征则是“离场”“离线”“代理”——几乎针锋相对。这种 180 度的转换如何发生？何以发生？这真是一个迷人的问题。因为，语音时代的显著特征，恰好与互联网时代的显著特征相合——这不由得让人产生联想，这也多少暗合我 5 年前曾说过的一句话：互联网就是一个巨大的“返祖隐喻”。当年这么讲，主要受启发于麦克卢汉的“地球村”“部落化”的说法。这个返祖隐喻，可以借“万物互联”这个时下流行的话来注解。“万物互联”并非今天才开始出现，也并非经由传感器、电脑、网络、智能装置彼此相连出现的景观。万物互联事实上是史前文明的真实情景。万物互联，其实早已存在，只是穿过“三天”历史的时候，一个巨大的“迂回”发

① ［加］麦克卢汉：《理解媒介：论人的延伸》，何道宽译，商务印书馆 2010 年 10 月。

生了，人们与本真的世界割裂开来（这主要是西方文明），人们脱离了与灵性世界相通的路径。互联网时代，将迎来这一万物互联的灵性世界的回归。

前天—昨天—今天—明天—后天，这个我称之为“五天史观”。五天史观最重要的特征，就是超越三天的线性史观，透过实体空间与虚拟空间的交织、相融，在连接一切的状态下，开启巨大的“可能世界”，而不是封闭在“三天史观”铸造的“必然世界”之中。

顺便说一下，讲述“互联网思想十讲（第二季）”课程的过程中，我朦胧意识到这一隐喻框架，或可推衍至“七天”“九天”。简言之，“七天”意指“生死观／生命观”的重塑，“九天”意指新世界宗教的复活。这些话题都太大，还没有细致的思考和探究，只能先勉强说这么几句了。

互联网？命联网！

我特别欣赏当代艺术思想家岳路平先生，在点评“赛博格”时强调的这个“格”字。为什么呢？从我的角度来说，我觉得中国的“格”字含有命理的意思。我觉得如果互联网有门学问的话，一定不是 Internetology，而是“互联网命理学”。因为 -ology 是西方的，是基于 logos 的。互联网就是关于“命理”的。

图片转引自岳路平在北大新传研修班上的课件，授课题目《媒介·艺术·权力》。图片为韩裔美国艺术家白南准（1932—2006）的作品，创作于1974年的“电视佛陀（TV Buddha）”。

关于命的问题，西方和东方走的是完全不同的路径，西方是“命运的驯化”，荷兰人类学家穆尔有一本书，叫《命运的驯化》，从古希腊三大悲剧作者的作品入手，精辟分析了古希腊剧作家透过诠释希腊神话传说，讲述战胜命运、升华命运的故事。尼采认为，古希腊真正的悲剧是日神精神战胜酒神精神的过程，也就是苏格拉底式的穷追猛打，穷思猛问，战胜诗性和沉醉的过程。

总之这个过程——命运之驯化——西方的隐喻就是离家出走。人被逐出伊甸园，人有原罪，这就是它的隐喻。他流浪在世，在海德格尔的分析中，存在者原本是“在世存在”，但却被“抛掷”，所以他不停地要找家园，这是西方的精神存在。

但是对于东方来讲，这件事是匪夷所思的。我们原本就在

“家”里，we are in home，我们没有这个问题。所以命理对我们来讲，其实是一种嬉戏的状态，而不是寻求指路明灯的问题，它“不是个问题”，这个很重要。

命，对西方来讲是纠结状态，对中国人来讲是嬉戏状态。

这两种状态，我觉得简单下个判断就是，中国人对命理的直觉判断，更符合互联网的内在精神。（当然这个需要立刻补一句话以免被误解为夜郎自大：东西文化或许各自“缺一张牌在对方手里”，东方需要学习 logos，而西方需要学习“命理学”。这也是我极力主张“对话”的理由。当然这个过程可遇不可求，路途也漫长且崎岖。）我觉得互联网一定会在中国东方文化的精神上崛起和复兴，中国对这个世界最大的贡献就是贡献“互联网命理学”。

举一个例子：万物互联。

“万物互联”是这些年一个豪气冲天的口号。人们畅想着人和机器互联、机器和机器互联、人和人互联的美丽新世界。但我觉得，在逻各斯语境下谈万物互联，基本还是机械论的观念。他们假设我们没有连接，所以我们需要连接，连接越多越好，而且为了把机器嵌进来，得重新理解机器是“活的生命体”（当然值得鼓励）。其实扯淡得很，对中国人来讲，万物互联是早已存在的事情，我们熟谙“牵一发而动全身”的道理。

东方的万物互联是天然状态，不但是天然的而且还是灵性的状态。西方的这个“连”得慢慢来，得先物理连接，然后化学连接，然后生物连接，逐渐走。但是你会发现，它没有操作系统，或者说它这个连接过程，目前来讲只有一个 logos 的操作系统，没有一个灵性的操作系统，没有“心”，这是很要命的事情。（当然西方文化传统里原本有“灵”的，只是被 logos 打败了。参见法国思想家皮埃尔·阿多的《伊西斯的面纱：自然的观念史》。）这就是东方文化的历史使命，摆在这儿了，它一定是点豆腐的卤水，要不然这个豆腐是成不了形的。

2017 年美国特朗普上台，就是一个重要的标志，重要不在于党派之争。如果再过多少年回头看这个事情，我觉得才会看出它的重要意义。它在超越霍布斯以后的政治学[①]。霍布斯的政治学是有一些基本假设的，霍布斯的基本假设就是人性是恶的，人与人是相互倾轧，相互开战的。霍布斯认为要确保世界秩序，需要大众出让权利，迎来君王。霍布斯的政治学假设，跟柏拉图的“哲学王”也是一脉相承的，基本上还是期望世界上存在这样一个“无所不能”的王者，这也是契约的一个基本假设。上帝曾与希伯来人立约。所以我觉得，政治学如果停留在这个意义上的话，基本上是走到尽头了，没出息。

“走到尽头”的意思是说，政治学、社会学、经济学，都在期望某种“改善”的可能，终点是业已既定好了的。剩下无非是那句老话，“螺旋上升”，大家互相校正，历史螺旋前行。结果你会发现，“存在”在世界上的意义就是来回校正。我们发现生活的真谛，好像都是左拐了往右，右拐了往左——这真的是生活的

① 17 世纪的英国哲学家托马斯·霍布斯，现在被广泛认为是少数真正伟大的政治哲学家之一，他的杰作可以与利维坦、柏拉图、亚里士多德、洛克、卢梭、康德和罗尔斯等哲学大师的政治著作相匹敌。霍布斯以他早期“社会契约理论”而闻名，这是一种通过诉诸适当的理性、自由和平等的人达成的协议来证明政治原则或安排的方法。资料来源：Stanford Encyclopedia of Philosophy，https：//plato.stanford.edu/entries/hobbes-moral/，2018-04-30。

真谛吗？我觉得政治学上应该回答这个问题，所以特朗普上台的确有很强的象征意义。

我最欣赏的是他的这个口号，就是反对政治正确。因为政治正确某种程度上让人们讲话开始求全责备了，开始谨小慎微了，让人们讲话的过程中，表面上顾及所有人的感受，实际上常常欲言又止、吞吞吐吐，这样才能说出来政治正确的话，不得罪各方的话。但是你会发现，这种政治正确其实是浓厚的工业时代的政治学精神，因为工业时代的政治学假设存在普遍人性，存在一个抽象的普遍的人性，政治家的努力就是要让这个普遍人性变成现实，让大家能够找到最大公约数。但事实上这是一个不可能的事情，无论是数学、物理学、经济学、社会学，过去100多年的理论思考的结果，答案往往是“不可能”。哥德尔定理、测不准原理、孔多塞选举悖论、韦伯悖论、阿罗不可能定理，等等，你都可以看出来，要想通过理性计算，公正投票，追求公平正义，基本上这台戏就唱不下去了。

所以我觉得新的政治学，应该重新思考，如果互联网让我们分分钟能够做一次全民公决的话，四年一选的宪政民主还有什么意义？互联网上的权力构建、运行会有哪些全然不同的方式？比如说这次罗尔事件[①]就非常典型，几天的时间这件事情已经做出了“全民公决”，完全颠覆掉了。而且微信又有善后的通道，这件事情反映出民意的聚合、表达、转换和消散可以同步进行。在

① 罗一笑事件或称罗尔事件，罗一笑是一名出生于深圳的身患白血病的女孩，其父罗尔写下名为《罗一笑，你给我站住》的文章为其筹集医疗费，后被指“炒作”。资料来源：https：//zh.wikipedia.org/zh-hans/罗一笑事件，2018-04-29。

过去，这可能就变成了一笔烂账，变成了一个“疙瘩”就在那儿待着了，“等待后人评说”。在互联网上，一边冒疙瘩，一边消肿，互联网是有这个本领的，所以在这种意义上，我认为政治最后就变成了一种玩儿的状态，政治实际上就是一个“玩”字。玩儿在哪里？就在于“玩可能空间”，我们玩儿的是未来的可能性，而不是赌未来的必然性。工业时代或者传统的政治学赌的是必然性，赌我们一定能到达彼岸，并且这个彼岸是被人用金手指指过很多次的，好像是宿命一样的彼岸。

将来政治学可以更放松一点了，政治就是许可大家玩儿，玩不同的版本。政治面临的挑战不是如何达成共识，如何在异见中斡旋、妥协，政治就是许可大家在没有共识的前提下还能好好合作，而不是必须先有共识然后才能合作，我觉得这是对政治学最大的挑战。

互联网对传统学科的学理基础提出重大挑战，包括经济学的挑战、社会学的挑战、政治学的挑战。互联网过去二三十年了，差不多到了第三阶段，即对政治学或者对政治的学理思想的挑战，不能再基于过去的学理思想考虑问题了（前两个阶段是对经济学和社会学的挑战；前者对应对交易的理解，后者对应对交往的理解）。

信息 = 数据 + 意义

我觉得这里要理解一下“信息”到底是什么。

按照信息论创始人香农[①]的定义，信息就是借助一定的编码方式，所能榨取出来的有用内容的限度的度量。这个话说得拗口，重说一遍：香农认为，人们交流、通信、传递意思，统统都借助编码，编码有一个最低限度，也就是花费最小的符号序列，所能传递的最多的“意思含量”，这个就被称作“信息”。

香农的定义对建立通讯理论非常有用，是奠基性的。它给出了一个关于呈现有用内容的编码能力的度量，所以被广泛用于信号处理、数据传输与压缩、编码与密码学、参数估计等。但是，需要注意的是，香农的信息论，对“信息到底是什么”并未发表任何意见。他只是指出了“如果有用的内容与无用的内容搅和在一起的话，得花多大力气把有用的内容榨取出来”。也就是说，香农信息论基本上解决的是一个工程问题，他解决的是如果我们要彼此通信，那么所需要的最窄的信道是多少；在我们彼此通信的过程中，我们相互传递的“信息”里，不可避免的“信息损耗、流失”是按照何种规律发生的。香农的理论，对我们建立关于“如何展开一次有意义的通信”非常重要，所以香农理论基本上聚焦在“编码长度”“数据量”“信道带宽”这样一些工程指标上，而不是“信息的内容是什么”。也就是说，香农信息论是关于“管道”的，而不是关于“管道中的流体的”。

所以我觉得，关于描绘香农信息框架、编码解码结构里的那

① 在香农的工作生涯中，他独自担负起了突破两大领域研究的重任，这项成果也预示了日后计算机和通信的融合。现代互联网的进步离不开他单枪匹马作为现代信息论创始人做出的开创性努力，正是由于他为信息论制定的一般规则，才为后来的技术革命奠定了数字模型基础。资料来源：Biographical Memoirs of Fellows of the Royal Society，http://rsbm.royalsocietypublishing.org/content/roybiogmem/55/257.full.pdf，2018-09-03。

些个“肉”“流质”的“信息论”尚不存在，香农的信息论是关于封装信息的那个“壳儿”的信息论，是关于“信息物理加工、传输、存储”的信息论。这个信息论对信息有一个基本的假设，那就是“信息是与噪声相区别而存在的”，关键是——香农假设“人们事先知道这一点”。

这一点在今天看来完全站不住脚。

系统科学家Checkland，Boland，Sholes和Mingers等，在1980—1990年提出这样一个公式：信息（Information）= 数据（Data）+ 意义（Meaning）。Boland是这么说的：“信息系统是数据在意识中转化为信息的过程；这一过程是通过对话发生的，是在语言、推理的共同作用下，经由社交环境有组织地发生的。”[①] 我们现在大多数情况下把“信息”和“数据”两个词混着用，好像信息就是数据，数据就是信息，这是个很大的误解。数据是死的，信息是活的，这个大家都能理解。但活在哪里？就活在这里。信息凝结着意义。信息对人的价值在于意义，而不是数据。

但是，对这个意义的生产方式的理解，是区分香农的旧信息论和未来新信息论的分水岭。香农的信息论假设信息就在那儿，信息是可以像罐装啤酒那样，预制罐装的。也就是我常说的，“先生产，后消费”。这是浓厚的工业时代的生产方式。假设信息可以剥离出来，可以提炼出来，然后人们就像打牌一样，把信息

① Sebastian K. Boell，Dubravka Cecez-Kecmanovic，第36届世国际信息系统会议的论文，*What is “Information” Beyond a Definition?*，网址：http://skb.unifind.de/publications/2015-ICIS-Boell,Cecez-Kecmanovic-What_is_Information_beyond_a_definition.pdf。

传递来传递去。

这“几乎”是对的。我说几乎，是指在“物理层面”，这是对的。

但我觉得理解互联网不能停留在这一步。信息的生产方式已经发生了巨大的转变。信息是“边生产——边消费”的。信息是对话者对话的刹那，被双方共同生产出来的。理解了这一点，就会非常理解为什么今天的互联网创业者喜欢谈场景、喜欢谈交互体验了。场景、体验、交互，是有理论依据的，但这个依据不能仰仗香农的信息论（虽然它在那个语境下当然是对的）。

几年前大数据热的时候，上海大学数学教授史定华多次与我聊大数据，提出“到底什么是大数据”的问题。史定华老师曾做过多年基因图谱分析，用他的话说，“血液才是真正的大数据”（参考史老师“血谱”研究成果：http：//www.sscqw.net/a/zupu/xuepu/2014/0925/656.html）。

受史老师的启发，我觉得理解大数据的关键在“死活”。我们现在处在一个数据爆炸、认知过载的时代，让很多人觉得我们被信息湮没了。其实湮没了是假，是因为Meaning找不到了。现在太多的数据是“死”的，只是“数据尸体”。真正的大数据所激发的是意义共生的场景。所以信息的重要价值，在于对意义（Meaning）的命名、解释、交互。信息问题，重要的一面在于意义问题。

过去几年里，我在北大、北师大、人大的新闻学院讲课或者做讲座的时候，常讲这样一个观点：互联网将带来公共空间复活的挑战。传统媒体已经被“颠覆”到了谷底，但意义生产问题并未解决。这才是新媒体存在的理由：新媒体将塑造全新的意义生产方式，我把它叫作“传受合一”，这个已经发表过一些文章了，在此略过（参看 2014 年 9 月 4 日拙文《传受合一：新媒体的思想基石》）。

意义互联网

2013 年 5 月，在杭州，我跟胡泳、王俊秀讨论过这个问题，觉得“意义互联网”是个非常重要的议题。这两年我在努力理解“意义互联网”，并且在“互联网思想十讲（第二季）”课程中，尝试梳理这个话题的内在含义。

过去我们一说到意义，仿佛这个意义凝结在典籍中，固化在“公式”里，刻写在碑文上。“子曰”这就叫意义。凡是有“子曰”的地方，就好像我们活得很踏实。很多人一辈子都在找这种长相的“子曰”，攒这种可供套用的公式、答案。

我们生活在答案之中。（2007 年曾与胡泳聊过这个话题，当年他鼓励我写本书，这不，都快 10 年了，还没着落……）

有答案我们心里踏实，没答案就没着没落儿的。

我们一讲意义就习惯引经据典。用引经据典来佐证意义的真实性、有效性。过去意义是这么生产的，也是这么消费的。当然，这么理解也不叫错。这里我稍微花点笔墨，谈谈我对“超越两分法”的一点意见。

2008 年构思《互联网：碎片化生存》这本书的主干的时候，我琢磨再三，把批判的锋芒对准笛卡尔。我觉得笛卡尔的两分法

（当然两分法并非笛卡尔首创）“害”了很多人。非此即彼、非黑即白的思维范式，是“理性”的最重要特征（当然我得赶紧声明，这么说并不准确，但有时候要表达意思，也只好如此了。就像我常提到的“‘消费者’是个脏词儿”一样）。

我在课堂上讲，我们需要仔细区别两个类型的两分法：一个类型是基于分类需要的，方便表达的，比如寒暑、昼夜、长短、黑白、高下之类。这些分类方法可以称作“方便法门”，日常交流很好使，所以这种类型的两分法，我倒觉得问题不大。可疑的是另外一种两分法：价值判断的两分法。诸如好坏、美丑、善恶、对错之类。这种两分法就很有害（顺便说，我觉得有必要“编撰”一部“脏词儿词典”，回头有同好者，可一起探讨）。

当然，退一步来说，认为意义凝固在书本里、刻写在碑文中，倒也无妨。不过这只是“半意义”，或者说是某个“漂浮的能指（德里达语）”[①]。但认为意义“就这么多”“只能这样”，就大谬不然了。前面我把这种意义的生产方式叫“先生产后消费”。互联网之下，未来的意义是通过连接之后，对话之间，Emergence 出来的，意义是“冒出来”“长出来”的。意义是连接体连接之后的“共意呈现”。

说白了意义不能事先灌到杯子里，不能事先放到这里，然后

---

① For the signification “sign” has always been comprehended and determined, in its sense, as sign-of, signifier referring to a signified, signifier different from its signified. If one erases the radical difference between signifier and signified, it is the word signifier itself which ought to be abandoned as a metaphysical concept. 资料来源：Newton K M. Jacques Derrida, “Structure, Sign, and Play in the Discourse of the Human Sciences”, *Twentieth-Century Literary Theory*, Macmillan Education UK, 1997.

你把意义喝掉，这是传统工业时代的意义生产方式。传统工业时代的生产方式里面，就让意义有了一种被僭越的可能，这个就是伪意义。这种预制罐装式的意义，很容易被拿来吓唬人，说“喏！给你！”这就是“伟大思想”，喝了吧！

总之这种东西会被拿来包装成任何品种的圣水，然后要你接受洗礼，或者说这是开了光的对象，或者说这是画符念咒，吃了包好。这就是把意义跟它的生产者、消费者剥离开了以后，就会出现的这么多怪现象。我觉得瑞士语言学家索绪尔[①]对语言、言语的区分，以及对能指、所指，共时性、历时性的区分，是非常有价值的。

人类进入书写时代以来，意指符号与指称对象之间，仿佛“天然地”联系在一起。比如我们说出“狗”这个词，总是认为大家一定能理解这个“狗”字，从而觉得“狗”这个词，这个符号，天然与“食肉目犬科哺乳动物”联系在一起。殊不知，一群人在听到“狗”这个词语的声音（索绪尔所谓的“能指”）的时候，脑海里出现的“狗的形象”并不完全相同，哈士奇、德国牧羊犬、金毛、藏獒，颜色、体型、品种那是五花八门（索绪尔所谓的“所指”）。

索绪尔发现，能指和所指之间的对应关系，并非“必然如此”，而且不是“一一对应”。这种对应似乎是任意的。庄子

① 现代语言学的重要奠基者费尔迪南·索绪尔在著作《普通语言学教程》中，首次提出了“语言符号任意性原则”，在书中涉及的主要概念如语言／言语，语言的共时研究和历时研究等，被视作结构主义的基本思想。详情可见：陈嘉映：《索绪尔的几组基本概念》，《杭州师范学院学报》（社会科学版），2002（2）：51-55。

《齐物论》曾言："万物无非一指也"[①]，这"一指"的指称，带有极大的随意性，也是约定俗成的产物。

能指与所指之间的这种"意义鸿沟"，其实在提醒人们，"当你以为你说清楚了的时候，真实的意思其实已经远离你而去了"。这是颇有禅意的一番景象。

2016 年网络智酷年会上，我曾提出一个问题："说清楚一件事情，到底要花多长时间？"我想问的其实是：我们真的以为靠说，就能"说清楚，听明白"吗？

任何一次"言说"的对话，其实只是能指对所指的一次"描写"（而非"刻画"；这里我把"描写"解释为一次观照、一次瞥望、一种印记；而把"刻画"解释为写实主义的图谋，即"如实如是地呈现"，前者只是某种"快照"，后者则假设"呈现出自在存在本身"）。

事实上，哲学的语言学转向已经达成这样的认知：言说是勉为其难的，呈现"不可呈现之物"是语言的宿命。如果你喜欢说意义"驻留、贮藏"在观照的"它处"的话，也未尝不可，但你要理解"释读出"其本义，是一件"不可能"之事。

这种说法，换个角度看，就是"意义"只在"观照的刹那"闪现，随即便"烟消云散"，它不驻留，也不刻印，它只是"交互的瞬间"，一次壮丽的快闪。

意义对应爽，或者用芝加哥大学心理学家米哈里·克森特米

① "天地一指也，万物一马也"此句在《齐物论》中所在的完整论述段落是："以指喻指之非指，不若以非指喻指之非指也；以马喻马之非马，不若以非马喻马之非马也。天地一指也，万物一马也。"

哈伊（Mihaly Csikszentmihalyi）的话说，叫“Flow”。

中文将其翻译成“心流”，清华大学心理学教授彭凯平老师翻译成“福流”，都非常传神。我则喜欢称之为“爽”。刹那的、爽的瞬间，发生了什么？发生了意义的“共意涌现”。这里的“共意”，说的是情境，是默会神契（波兰尼语）的“会意”。

所以，我前面曾说，我喜欢岳路平诠释的“赛博格”，这个“格”，其实就是一种饱满的、生生不息的、生命的“连接体”，这个“格”，它随时准备开启“对视的快门/视网膜”，迎接或者放送出生命感应的刹那光辉。这么说其实已经很笨拙了，勉强这么拆解开说吧。

中国的命理学说是建立在“万物互联，生生不息”的认知基础上的。没有关联就不能谈命理，命理一定是有关联的。有人把“命理”解释成“生命的道理”，一看就是中毒太深的情况。

甲骨无“命”字，“命”与“令”同，《说文》：“令，发号也。”[①] 西周金文始有“命”字，为号令、指示之意。“道理”是logos的意味，仿佛可以“萃取”出来，这是典型的西方还原论思维。

在中国古代文字里，“命”或“令”更准确的含义，是“透漏天命的信息”的意思。但这种“透漏”绝不是还原论式的“萃取”所能得，而是“观照”“体察”之间的“领悟”“觉醒”。

《周易》讲不易、变易、简易的“三易说”，我理解“生生不息的连接转化”是要旨（《周易·系辞上》[②]“生生之谓易”）。

---

① 茂山：《说文解字校订本》，《中国典籍与文化》，2004（2）：73。

② 《周易·十三经注疏》，中华书局1980年版。

阴阳五行、五气流步、相生相克，所谓命，无非是天地造化、万物相依、周行不殆的“相”罢了。这种匹配之相，就是那个“格”。命理就是讲这个格的生生不息的演化。“格”就是连接，格是个动词。

所以说，要看待未来30年，想象“后天”，我觉得中心词就一个：“玩”。

未来30年最重要的就是人们将重新学会玩儿。

玩儿什么？什么是玩儿？怎么玩儿？这些东西，统统需要奠基在“意义互联网”的基础上。这个话说得貌似大了点哈。我这些年阅读、讲课、思考到最后，也就想到这么个词儿了。容我解释几句。

前面我之所以说，世界史将从“征服史”转向“对话史”，基于三点判断：

1. 有书写的人类史其实也就是人类的定居史，这个万年史中，充斥着两种状态：“讲道理”“打架”，打得厉害了，就是战争。

2. 互联网是一个巨大的返祖隐喻，它的在线、双向、分布式、感知与体验，所契合的精神气质，恰恰是远古的“语音时代”。所以我五年前开始称互联网是一个“千年大事”已经不够用了，互联网是一个万年大事，是万年尺度的。

3. 人类的认知结构面临重大重启的机缘。这一重启将突破雅斯贝尔斯所谓的“轴心时代”，形成新的文明的“新轴心时代”。

在这一认知重启的进程中，最要紧的事情，莫过于重新理解“意义的生产方式”了。在我看来，这是“互联网命理学”的天眼。

我再补充一点，就拿文本时代和语音时代的区别来对比，就可以看出来了。我们今天有考古记录最早的文字，也不过就是五六千年前苏美尔的楔形文字、古埃及的圣书字，以及古中国和玛雅的文字了。我们可以猜测它上溯至农业文明、定居文明开始的万年之前。

有文字，有书写，这一世界文明的重要象征，意味着表意和书写之间出现了分离。文本是背离互联网的，文本是offline的。我把文本写在这里，然后以offline的方式传递给你，你阅读它，这个过程是滞后（delay）的。这种“信息的串行处理”方式，为“意义的注入”“释读”留下了足够的空间。

比如“我”把意义注入文本里，然后“你”把它读出来，解构出来。数千年文明史，就是这么展开的。广义的文本，包括绘画、雕塑，那都是文本，都是offline的。

今天人们对于“文明”，已经接受这样的定义：第一有文字记录，第二有文明古迹，第三有庙堂、宗教祭祀场所，这就叫文明。但是，我想说，这一波文明，是文本战胜语音的过程，这一波文明是逆互联网的。这么说，你就好理解我为什么要讲“互联网是一个巨大的返祖隐喻”了。

定居文明、农业文明和有书写的文明，经过数千年漫长的认知塑造，把人类成功塑造成这样的模样：要么讲道理，要么打架。讲道理，就是认为总能找到通天的“魔法石”，然后就能攥在手里，号令天下；讲不通道理，那就打架，一次一次地打，一辈子一辈子地打。当然，东方文明似乎略有不同，俺们似乎“以德服人”——BUT，“服人”这个念想上说，其实也是五十步和百步的差别吧。

文本战胜语音，是书写的文明史中最大的一次“骗局”（借用赫拉利《人类简史》中“农业文明是一个巨大骗局”的说法）。书写的恶果，是对语音的剥夺和伤害，让语音不得不退居其次。原本万物互联、声气相求的世界，就这样被“糟践”成今天这个样子了。

所以，我觉得互联网的伟大之处——返祖隐喻——让我们敞开心扉，畅想百万年、十万年尺度下，人类处于语音时代的时候，我们是怎么玩儿的。在霸占一爿田地、牧场，定居之前，人是靠手势、语音来交流的（参见《人类沟通的起源》，2012 年 9 月商务印书馆，作者是美国学者迈克尔·托马塞洛），那时候没有文字，那时候——请问人的意义是什么？故事如何讲述？诗情画意如何表达？如何吵吵嚷嚷？性和快感是怎么分布的？家庭又是怎么构成的？社群又是怎么结伴而行的？怎么打兔子？

这可是个上百万年的历程啊！

上百万年塑造的生命本能、生命灵性，是我们生命中流淌、残存的灵性之根。

我们能听得懂鸟叫的声音，看得懂河流山川，这种生命本能被文本阉割了、截流了。文本之后，所有的东西跟灵性世界失去了内在的关联，奄奄一息。从此，天造、天然被人造物侵入，人变得狷狂、僭越、谵妄，进而癫狂。

理解互联网，理解未来的 30 年，恐怕要从这儿出发吧——我称之为“根部思维”。

互联网，让我们“回到”语音时代，或者重新唤醒（Recall）我们对语音时代的精神记忆。不过，能不能唤醒呢，还真说不好啊。

结语

互联网是一个巨大的返祖隐喻，互联网之后新轴心时代的世界史，一定是以连接、对话、交互为根本特征的，未来三十年，依我看，互联网最大的正事就是玩儿。

16 未来三十年之我见

2016 年 12 月 2 日，与朱嘉明、邵青、梁春晓、王俊秀、岳路平等小聚，嘉明老师给出的题目是“未来 30 年”，并提出三个问题：

第一，“我们讨论的未来，工业化奠基的哪些东西成为不可逆的，成为不可改变的？第二，30 年以后的人和现在的人，哪些关于人的最本质的东西，还会继续存在？第三，最重要的，在未来的过程中它存留着多大比重的过去，后天到底存在着多大比重的今天和多大比重的昨天？因为不存在一个没有昨天和今天痕迹的后天。”

人有八条命

在谈话过程中，朱嘉明老师针对互联网时代提出了自己的观察，我作出了这样两点回应：第一，朱老师对那种业界存在的

“自以为是的状态”表示担心，我高度同意。朱老师认为今天的互联网语境，充斥着太多的“自以为是”的叙事。互联网的确给人一种“横扫一切”的狂妄或者气势。但是我觉得这可能也只是表象，这只是宣传口径表现出来的那种所谓“丑态”，所以很多人都会有这样的担心或者疑问，东西方到底最后谁干倒谁？

但这种担心我认为又是多余的，不需要担心。为什么呢？如果放在历史长河里来讲的话，对中国人也好，对发达国家也好，大家其实都在“补”一手牌。补什么呢？我觉得东西方，不管是有神论文化还是无神论文化，他在日常生活层面和商业、政治层面，都有一个共同的课题没有解决好，什么共同课题呢？打个比方说，叫作“老人的退出问题”，“老人”并非指“老年人”，这是一个隐喻。老人，就是有威权者，有“神功”者，有“知识霸权”者，等等。老人的“退出问题”是东西方文明共有的一个尚未解决的问题，它的基本表征就是“财富和权利 / 权力的继承 / 传承问题”。互联网将来要“解决”这个问题。

当然，“解决”这个词语并不准确。很多问题其实不是被“干掉（即解决掉）”的，而是被“废掉”的。所以说，互联网“解决”这个问题，就要通过降低这个问题的重要性来实现（其实是降低人的重要性来完成的）。

过去人类历史上西方都是主体、个体、本体，东方是人为中道，人恪守中道，不管怎么样，借物理的话来讲就是强调原子，强调个体微粒。但是互联网强调的是关系的重要性，说白了就是关系、连接的重要性，大大超过个体的重要性，这对东西方来讲都是一个全新的课题。所以在这个意义上，不是说中国崛起干倒西方，这是一个陈词滥调，谁崛起干倒谁，这都是旧史观下的陈词滥调。

我相信一定是对话，所以我讲新的世界史是对话的世界史，真正文明史上东西方文化的对话从来都没有从容不迫地展开过，包括阿拉伯文化跟基督文化的对话、儒道释文化跟其他文化的对话，等等。以往我们经历的都是“打架”的历史，真正的文明对话尚未展开。所以，在这种意义下，我觉得未来对东方文明和西方文明是共同考验，不是考验谁比谁强，不是比拼最后尘埃落定之后谁占上风、谁占下风。

我是这么判断的，对东西方人，有思想的人都应该把这个问题往后放。这不是最迫切的，这是个零和博弈，如果说哪一个文明战胜哪一个文明，这就是我前面说的典型的“穿新鞋，走老路”。当然在现实层面这个问题要不要担心呢？那当然要关心，所以我说您的问题肯定是对的，但是停留在这个层面是不够的。我们把这个担心告诉未来的孩子们，他们可能就不这么想了。我们要想象他们为什么不这么想，以及他们面临的困境是什么。

我对这个问题的思考是：人格分化。未来的孩子们所遭遇的局面，远比我们今天的局面艰难得多（当然是站在我们的视角说的）。我们今天只不过是一个人有八个账号，他们将面临八种身份、八重人格，甚至八个独立的主体。一个人如果有八重人格会怎么样？如果我的孩子他将来有两重人格是欧罗巴情结，还有三重人格是非洲土著情结，还有五重人格是属于他的本土情结……（朱老师插话：我本人现在就这样）

如果这样的话，显然我们过去照本宣科的东西（那些旧的知识谱系）统统救不了他们。在这种情景下，我觉得从工具层面上，我们不能再强调“谁胜过谁”这种语境了，我们不能再渲染谁战胜谁，胜王败寇的这种腔调，这种腔调对孩子们是毒素，不能帮他们，不能帮他们 hold 住八重人格、八条命，hold 住精神分裂。这个恐惧是前人很少有的，今天互联网让它成为一个重大问题［推荐荷兰鹿特丹 Erasmus 学院穆尔的另外一本书《赛博空间的奥德赛》，我非常喜欢这本书中的一个标题“精神分裂症的春天到了？”。不过穆尔教授用的是“？”号。2016 年 1 月 8 日在北大师曾志教授组织的“跨语际生命传播思想峰会”上，与穆尔教授谈，我认为这个“？”应该是“！”。“精神分裂症的春天‘必须’到来！”］

第二个回应，是朱嘉明老师说互联网对那些工业时代的遗老遗少们价值很小，或者互联网本身也就是提供一下信息。这个听上去有些无奈。的确，互联网的话语方式可能是我们这一代人普遍不熟悉，甚至难以理解和接受的。但我觉得问题不在这里。经历冗长的铺垫之后，我想还是直接回到朱嘉明老师提出的三个问题上来。

如果把前两个问题合并起来回答，在 30 年的尺度上看，人本性中哪些东西是不变的？或者哪些最大限度保留下去？我就说一个字，“作”。

“作”是什么意思？作是信仰自己，并信心满满；作是精致地利己，并熟稔悲天悯人之话术；作是自鸣得意、自作聪明，并对异样的目光毫不以为意，作是欢喜作，甘愿受——这些词看上去都是对“作”的“声讨”，是吧？下面说“作”的另一面：作是行动主义，从不装模作样；作是我行我素，特立独行，而且善于自我解嘲；作是甘愿作，欢喜受。

人“作”的本性是不会变的。当然，“作”是相对说得狠一点的。“作”是一体两面，另一面就是“玩”。

我特别看中互联网的“玩儿”。我们过去定义的玩儿是闲暇之乐，它假设有一个正事，玩儿只是正事之余的调剂。现在玩儿就是正事，互联网最大的正事就是玩儿。

我理解朱老师第三个问题就是比例关系，我猜是50%以上，为什么要猜50%以上呢？首先30年之前，大致是没有互联网的时候；30年后，则是互联网成熟的时候。现在网民数，已占世界人口的一半，再过30年，基本能上网的就都上网了，剩下可能也就5%～6%覆盖不到，互联网像电灯一样照亮全世界了，这就是一个时代宣告成熟。

在这种情景下，为什么是50%以上呢？下面我打比方说明：在没有互联网的时候，我们好比生活在两层空间，有互联网之后我们生活在一个三层空间。

第一层是“作”的本意。作的本意就是资源竞争，打打杀杀、吃喝玩乐、成王败寇。第二层是宗教，在第二层有精神生活了，这就是波普尔的世界2 + 世界3。

你会发现第一层是真实的作、打，是血淋淋的，第二层是开始琢磨、反思，是意识形态、政治宣传，一切关于作的学问，包括科学技术、大学教育，都在第二层。

但是这两层，在没有互联网的时候，基本是“面多了加水，水多了加面”的状态。雅斯贝尔斯所说的“轴心时代”，世界不同文明所达成的最重要的共识，就是一条所谓的金规则：己所不欲，勿施于人。用大白话说，就是：你作，他也作；你不作，他也不作。

这是一个没出息的世界。之所以没出息并非像先哲那样，归结于善或者恶，而是人们在这两重世界中，疲于奔命，来回穿梭，很难“以有涯挨无涯”，很难穷尽作的各种可能性。好吧好吧，作不动了，就歇会儿；缓口气儿，咱继续作。

大家其实都知道这么作不好玩儿，但没办法，作，还有一个语意，那就是胶着，大家彼此都被黏连在一起，没法不作。大家都知道有时候作起来很难受，代价高昂，但没办法，你不作，你就等着被作，那还不如自己作。

互联网之后，情况大不一样了。互联网之后有了一个赛博空间的东西。这玩意儿太好了！它可以像照妖镜一般，把前两层的人的种种作态，映射到这个空间；更有趣的是，它能让人貌似进入前所未有的解放：想怎么作就怎么作。

在第三层里，每个人都拥有多重人格、多重主体，多个化身，可以映像到前两层。这就是我经常讲的“一个人有八条命”这件事情，在第三层变成一个扎扎实实的体验。

第三层有什么用呢？简单说有两种：一种是原本前两层里，绝大多数作来作去的故事，都可以用极低的成本迁移到这一层，而且切肤体验还不打折。比如说，古代社会（互联网之前的社会都应叫作古代社会）基本上是“讲不通就干一仗”的模式，这个代价太大了，血流成河，也很吓人。有了第三层就容易多了：不服气可以各自让各自的 AlphaGo 出场，让它们互相“干”一仗，完爆到极致。

第三层不光能实现“想干就干”的愿望，还允许你后悔。如果没有第三层，后悔的成本极其大，甚至不准后悔。现在情况不一样了，你随时可以按下你的replay键，再玩一把。

我觉得，对真正的互联网原住民来说，未来的孩子们会遭遇真正的挑战：他们将必须调和八个化身、八重人格、八条命的悖立、冲突。当然，这个也许是我用互联网移民的眼光这么看吧，好像刘慈欣的《超新星纪元》[①]里讲到的，孩子们自己会找到办法的，不必我们瞎操心。

不过，我还是忍不住瞎操心一下：我觉得像我们这个年龄的人，之所以还有一点点用，那就是尽可能扮演一个“防洪堤坝”的作用，把这个两层的古代社会里，太多无用的垃圾，拦截到外面，多吸几口思想的雾霾，省得孩子们花费太多的气力，浪费在无用功上，能让他们轻松愉快地迁移到第三层赛博空间，让他们有足够的精力和体力，应对属于他们自己的挑战，也好。不过，这也许仍然是瞎操心。好吧好吧，瞎操心就瞎操心吧。

我想，未来的孩子是这个样子的：到了五点钟了，一个小时high完了，又到了三点钟，“我”现在是一个老态龙钟的人，“我”喜欢——他可以同时扮演（或许不是扮演，而是“就是”）很多的角色，甚至可以同时入局，完成那个局的生活。在这个过

① 小说背景设置于1999年，由于御夫座某颗超新星爆发的辐射到达地球，导致13岁以上的人类将在一年内死去，而儿童由于自身基因修复能力得以存活。在为期一年的“大学习”中，世界各国的成人竭尽全力将毕生积累的知识与经验传授给经过层层筛选的精英儿童，以期他们能够接过管理国家乃至运作世界的权杖。资料来源：刘慈欣《超新星纪元》如何改编成电影？https：//cn.nytimes.com/books/20140626/tc26liucixin/，2014-06-26。

程中，他会发现第一层、第二层Just a game(只是个游戏而已)。

如果说每一层分别占30%（静态地说，分别是30%）的话，这新长出来的一层，也就是30%。那怎么会多加一个20%呢？就是因为这30%会“逆向渗透”前面那两层，第三层Cyberspace的这种玩法，会倒过来“深度侵入”前面这两层，也可以说深度“格式化”。

格式化有两个要点：第一个要点就是承认“两可”，又计较成败又不计较成败，计较成败的时候我在局中。所以你能看到的成功、失败、痛苦都在里面，我要掺和在局中，我要赢，但最后也还有退出机制，我可以安逸地退行到上面一个层次，我可以活在他自洽的第三层。这种情况下，分别有10%的功力，会重新塑造前两层的生活。所以您不用担心跟工业时代割裂，哪怕农业时代、游牧时代，都只是扮演而已，只不过是角色扮演。

第二个要点就是这种格式化，其实不是工业化时代的整齐划一的格式化，也不是简单粗暴的均一化、均质化。这种格式化，本质上只是“对可能性的嬉戏”，甚至说得狠一点，调戏。

这样30%再加上两个10%，不就是50%了吗？

我说2016年对我触动最大的就两件事，第一AlphaGO，第二川普上台，就这两件事。

一个是科技意义上的，一个是政治意义上的。

它表明了世界格局已经无可挽回地发生变化，这种无可挽回发生的变化不是空中楼阁，好像横空出世一个新世界一样，不是的。这个世界的要素，虚虚实实的要素，已经都在了，但是要素的新组合发生变化了，对要素的新解释发生变化了。

最基本的世界要素就三个：物质、能量、信息。只不过今天说起来，这次巨变都是在信息层面发生的。只要我们还没有到不吃饭靠充电生存的时刻——那可能是100年以后的事了——只要我们的生命体还是靠吃饭、穿衣来过日子的话，30年我觉得最大的变化就是这儿。

其实20年前，在洛杉矶费德蒙特大酒店开的那次很著名的会，就有这样一个词叫作“靠喂奶生存”[①]，80%的人是不需要工作的，80%就是纯消费民众，你生下来唯一的使命就是“作”，就是愉快地消费。因为只有20%的人，就可以决定这个世界了，德国《镜报》记者后来写了一本书，叫《全球化陷阱》。

你唯一的使命就跟《黑镜》[②]第一集似的，蹬自行车赚点积分，赚积分以后你就想干什么干什么，但是整个生活的这个脚本是少数人写的，就像剧中的编剧。世界只有一个编剧，他编完了。

当然我说这个事情，并不是说30年后人类的未来就是这个样子。恰恰相反，我说最大的问题就在这里：我们对未来的变局的理解，还停留在确定性的时代的话，我们可能只能在自己低维度的思想空间里，拼命设想高维度的生活，那是无济于事的。如

---

① 1995年9月，全球政治、经济、文化界的精英聚集在一起讨论21世纪的世界，与会者把未来的世界前景简化为“20∶80”这一对数字和一个“靠喂奶生存”的概念。它的意思是，全球化将导致这样一个结果：启用全球20%的劳动力，就足以维持世界经济的繁荣；80%的劳动力将失去劳动岗位；并且需要政府提供制度化的社会救济来喂养，即“靠喂奶生存”。未来世界的社会轮廓将是富裕国家内将不再有数量上值得一提的中产阶级——这就是所谓“全球化陷阱”。汉斯、彼德、马丁：《全球化陷阱——对民主和福利的进攻》，中央编译出版社1998年版。

② 英国第四频道将《黑镜》系列剧集视作“Twitter时代的邪恶预言”，《黑镜》自第一季于2011年12月开播以来，共拍摄四季，通过荒诞的情节绘制了一幅未来科技地图，其中因科技进步给人类带来的集体性恐慌引人深思。资料来源：http：//www.channel4.com/info/press/programme-information/black-mirror/allpi。

果思想不能升维，我们可能会堕入到“伪赛博空间”中去，恰恰做实了“靠喂奶生存”的那般景象。

我之所以这么拆开了说，还有两句话：第一句话，我不这么拆开说，大家可能听不懂，这叫勉为难之；我不拆开说，我自己也说不清，这是第一个（其实我拆开了说也可能没说清楚，其实很纠结）。

第二个，德勒兹就仔细分析过“游牧”[①]这个词，我们要重回游牧时代，这个很精彩。朱老师说 30 年为一世，我觉得时间其实并不长，30 年恐怕我们还很难脱出旧文化的阴影。要想认真讨论东西文化的对话，恐怕是百年以后的事，但我们不能等。

① 德勒兹的游牧政治学的一个重要的特点就是认为哲学活动就是政治活动，哲学实践就是政治实践。“哲学的使命是召唤一个还不曾存在的新地球、新人类。”资料来源：程党根：《游牧思想与游牧政治试验：德勒兹后现代哲学思想研究》，中国社会科学出版社 2009 年版。